JOACHIM MAYER / LARS WEIGELT

Balkonkästen

GESTALTEN | PFLANZEN | PFLEGEN

scannen & erleben

KOSMOS

INHALT

DIE WEGWEISER ZUM SCHÖNEN BALKONKASTEN

alles im Überblick

Am Anfang des Kapitels finden Sie das Wichtigste auf einen Blick. Seitenverweise führen Sie gezielt zu den ausführlichen Informationen.

alles Wissenswerte

Abgeschlossene Doppelseiten bieten weiterführende Informationen zu den Themen. Entweder lesen Sie von hier aus weiter oder Sie gehen zurück zur Übersichtsseite, um das nächste Thema auszuwählen.

alle Extras

Das könnte Sie auch noch interessieren, denn hier finden Sie Themen, die über das Wesentliche hinausgehen. Diese Seiten sind kein Muss, machen aber neugierig und Lust auf mehr.

GESTALTUNG

alles im Überblick
6 Blühende Balkonoasen

alles Wissenswerte
8 Gestalten mit Gefäßen
10 Bestechende Farbenspiele
12 Das Spiel der Formen
16 Blumige Frühlingsgefühle
18 Sommerliche Blütenträume
20 Vielfalt im Schatten
24 Bezaubernde Spätjahresfreuden

alle Extras
14 Blüten in allen Etagen
22 Blumenspaß in Gummistiefeln
FÜR KIDS

SCANNEN UND ERLEBEN

QR-Codes im Buch scannen: Der schnelle Zugang zu weiteren Infos rund um Ihre Pflanzen. Mit diesem Code oder unter www.m.kosmos.de/14592/t1 gelangen Sie zur Übersicht der QR-Codes. Wir empfehlen Ihnen, eine WLAN-Verbindung zu nutzen, um lange Ladezeiten zu vermeiden.

PRAXIS

alles im Überblick

28 Balkongärtner-Basics

alles Wissenswerte

30 Größe und Lage
32 Pflanzen kaufen
34 Balkonblumen selbst aussäen
36 Gefäße und Erden
38 Balkonkästen bepflanzen
42 Gießen und düngen
44 Pflegen ist nicht schwer
46 Gesunde Balkonpflanzen

alle Extras

40 Blumenampeln bepflanzen & gestalten

PORTRÄTS

alles im Überblick

50 Ganzjährig Blütenstars

alles Wissenswerte

52 Farbenfrohe Frühlingsboten
58 Attraktive Sommerblumen
72 Charmantes für Herbst & Winter

alle Extras

56 Kübelpflanzen und Topfgehölze
70 Blatt- und Fruchtschmuck

76 Nützliche Adressen
78 Register

ideenreich & kreativ

GESTALTUNG

BLÜHENDE BALKONOASEN

S. 8

Gekonnt gestalten

Für die Gestaltung blühender Balkonoasen ist eine auf Standort und Platzverhältnisse abgestimmte Pflanzenauswahl, in passenden Gefäßen, Pflicht. Die Kür vereint Dauerhaftes mit Saisonalem in raffinierten Arrangements.

S. 10

Farben machen Laune

Balkonblumen bezaubern mit ihren vielfältigen Farbtönen. Wenn Sie hierbei auf die unterschiedlichen Farbwirkungen und bewährte „Rezepte" achten, können Sie gezielt Farbkombinationen ausprobieren.

S. 12

Formen-Vielfalt

Klein-, hoch- oder breitwüchsig, Balkonpflanzen lassen sich mit ihren unterschiedlichsten Wuchsformen ideal im Kasten kombinieren.

S. 14

Überall Blumen

Mit Pflanzentreppen und -regalen sowie Wandampeln wunderschöne Akzente auch in höheren Lagen des Balkons setzen!

S. 16

Endlich Frühling!

Ob zurückhaltend weiß oder knallig bunt: die neue Freiluftsaison will angemessen begrüßt werden. Besonders beeindruckend wirken ganze Kolonien von Frühlingsblühern wie Krokus, Narzissen oder Blausternchen. Hübsche Begleiter sind Vergissmeinnicht und Tausendschön.

S. 18

Sommer-Sonnen-Pracht

Unbekannten Sommer-Schönheiten den Vorzug vor bewährten Balkon-Klassikern zu geben, schafft überraschende Blütenerlebnisse. In der Kombination aus beiden liegt die Raffinesse.

S. 20

Schattige Blütenfreuden

Mit robusten Blattschönheiten und „Schatten-Problemlösern" gestalten Sie auch stark beschattete Plätze farbenfroh und lebendig.

GESTALTEN *mit Gefäßen*

BALKONKÄSTEN MIT ATTRAKTIVEN PFLANZEN können Fensterbänke schmücken, Terrassen und Gartensitzplätze bereichern oder auch Sichtschutzwände aufpeppen. Doch ihre wichtigste „Bestimmung“ tragen sie schon im Namen: einen Balkon mit ansehnlicher Pflanzenpracht zu versehen und so den Vorbau am Haus in eine Wohlfühloase zu verwandeln.

Bewährte Blumenkästen

Mit Hängetöpfen, Ampeln und anderen Gefäßen gibt es verschiedene reizvolle Gestaltungsmöglichkeiten, auch für kleine Balkone. Aber der altbekannte, am Geländer aufgehängte Rechteckkasten, ist nach wie vor das „Herzstück“ einer ansprechenden Balkonbepflanzung. Er kann den Freisitz rundum mit bezaubernden Pflanzenarrangements rahmen, nach außen eine blühende Visitenkarte abgeben und mit üppiger Bepflanzung zugleich Sichtschutz bieten. Und bei der üblichen Brüstungshöhe lässt sich der Anblick wunderbar im Sitzen auf bequemen Stühlen genießen – sozusagen auf Augenhöhe. Dabei haben sich die Kästen auch deshalb bewährt, weil sie Pflanzenkombinationen ermöglichen wie in einem Mini-Beet; das wirkt oft viel lebhafter als eine Ansammlung von Einzeltöpfen.

Wenn Fenster die angrenzende Wohnung mit dem Balkon verbinden und die Fenstersimse breit genug sind, können hier ebenfalls bepflanzte Kästen ihre Zierde entfalten. Wo genug Platz am Boden ist, eignen sich Kästen zudem, den „Fußraum“ zierend auszukleiden, etwa unten am Geländerrand oder an der Hauswand auf Blumenbänken. Die Bodenstellfläche lässt sich

Balkonkasten-Vielfalt Diese Körbe aus leichtem Draht sind auf einfache Weise immer wieder neu zu kombinieren. Raffiniert!

Harmonisch Der einfach gehaltene Kasten setzt die Bepflanzung ideal in Szene.

auch sehr schön für einen Blumenkasten mit integriertem Rankgitter nutzen. In diesem sorgen dann Kletterpflanzen für grünen und blühenden Sichtschutz. Je nach Kastengröße kann man noch ein paar kompakte, hübsche Sommerblumen dazugesellen.

Dekorative Gefäße

Bei allen genannten Vorteilen und Möglichkeiten muss man sich natürlich keinesfalls auf Balkonkästen beschränken. Hängetöpfe aus Metall, die einfach mit großen Haken am Geländer befestigt werden, sorgen für Abwechslung und lockern das „eckige“ Kastenbild auf. Hänge- und Wandampeln sind eine ideale Ergänzung, um raumsparend die höheren Etagen zu nutzen (siehe S. 14/15). Vielleicht findet sich am Boden auch noch ein Plätzchen für ein paar Töpfe oder Schalen, die das Gesamtbild abrunden.
Töpfe mit farbiger Glasur oder Terrakotta-Flair, bunte Hängetöpfe und Ampeln, modern „gestylte“ Pflanzkübel aus Fiberglas: Das sind nicht nur Behältnisse, sondern eigenständige Gestaltungselemente. Auch Balkonkästen gibt es in bunten Farben und dekorativen Ausführungen. Allerdings werden sie mit der Zeit häufig von überhängenden Trieben überdeckt, sodass sie – je nach Bepflanzung – manchmal gar nicht so recht zur Geltung kommen.

Harmonische Abstimmung

Grundsätzlich „konkurrieren“ alle auffälligen Gefäße ein wenig mit der Blütenpracht der Blumen. Das kann sich bei geschickter Zusammenstellung wunderbar ergänzen, aber auch gegenseitig die Show stehlen.
Dezent und einheitlich getönte Gefäße mögen auf den ersten Blick etwas langweilig erscheinen, verhelfen aber eher zu einer harmonischen Gestaltung, in der die Pflanzen die Hauptrolle spielen. ■

Dekorativ an der Wand Hier greift alles ineinander und wirkt bezaubernd stimmig.

BESTECHENDE *Farbenspiele*

SCHON DAS GRÜN DER BLÄTTER bringt Farbe auf den Balkon. Zudem unterstreicht sattes Blattgrün auf ideale Weise die Farbenpracht der Blüten.
Und da ist alles erlaubt, was gefällt – ob in bunter Fülle oder mit wenigen, dezenten Farbnuancen.
Wenn aber das Gesamtbild nicht so recht befriedigt, kann das Orientieren an bewährten Farbzusammenstellungen weiterhelfen. Probieren Sie es einfach aus!

Mit Blütenfarben malen

Wenn Sie zunächst Ihre Lieblingspflanzen und -farben auswählen und dann passende Begleiter dazu suchen, sind Sie schon auf dem besten Weg zu einer stimmigen Balkongestaltung. Sie müssen allerdings darauf achten, dass die zueinander gesellten Blumen ähnliche Ansprüche an Licht, Wasser- und Düngergaben haben.
Wichtig ist außerdem ein ausreichender Pflanzabstand, damit sich alle Kombinationspartner gut entwickeln.
Sie können sich aber auch von ansprechenden Arrangements inspirieren lassen, ob in diesem Buch, in Gartenzeitschriften oder auf Balkonen in der Nachbarschaft. Auch Gartenschauen sind eine Quelle der Inspiration und zeigen oft die Neuheiten im großen Pflanzensortiment.

Lebensfreude in Rot Farbenfrohe Pelargonien und Zinnien.

Ruhe & Frische Eine gut abgestimmte Rosa-Blau-Kombination.

Kontraststark Tagetes und Leberbalsam im schönen Flechtkasten.

Ton in Ton Arrangements in einer Grundfarbigkeit, aber mit verschiedenen Blütenformen.

Stimmungsvolle Farbwahl

Farben beeinflussen oft unbewusst die Stimmung. Nicht jeder empfindet sie auf dieselbe Weise. Doch die Wirkungen, die man ihnen im Allgemeinen zuschreibt, bieten gute Anhaltspunkte, um Farben gezielt einzusetzen.

Gelb, Orange und Rot werden allgemein als warme Farben eingestuft. Sie verbreiten eine fröhliche, lebhafte Atmosphäre und kommen mit ihrer Leuchtkraft auch vor dunkleren Kulissen gut zur Geltung. Rot und Orange fallen besonders ins Auge, können aber im Übermaß etwas erdrückend wirken.

Blau und Violett dagegen gelten als kühle Farben: sie vermitteln Ruhe und Frische. In dunklen Tönen verleihen sie den Blüten eine edle Note. Ihre optimale Wirkung entfalten sie vor einem hellen Hintergrund.

Bei stark aufgehellten, pastelligen oder abgedämpften Tönen werden diese grundsätzlichen Effekte allerdings abgeschwächt. Solche Nuancen präsentieren sich eher dezent und passen je nach Ausprägung besser zu vornehmen oder auch romantisch anmutenden Gestaltungen.

Wichtige „Sonderfarben“ im Blütenrepertoire sind Rosa und Weiß. Rosa, eigentlich ein aufgehelltes Rot oder Rotviolett, kann je nach Intensität zart, lebhaft oder – als kräftiges Pink – auch recht dominant wirken. Weiß ähnelt mit seiner Frische den kühlen Farben, sorgt aber durch seine Helligkeit für optische Weite und vermittelt zwischen Farbkontrasten.

Reizvolle Kombinationen

Für das Zusammenstellen von Blütenfarben gibt es vier verschiedene „Grundrezepte“, die leicht zu wirkungsvollen Gestaltungen führen:

1. **Farbkontrast:** Spannungsreiche Kombination von warmen und kühlen sowie hellen und dunklen Farben, z. B. Gelb – Violett, Orange – Blau, Rot – Weiß.
2. **Farbdreiklang:** Drei Farben, die in größtmöglichem Kontrast zueinander stehen; in der markantesten Version sind das Rot, Gelb und Blau. Diese drei können Sie jeweils durch ähnliche Farben ersetzen (z. B. Pink statt Rot oder Violett statt Blau) oder aber durch Weiß. So ergeben sich viele attraktive Varianten.
3. **Farbverlauf:** Harmonische Kombination ähnlicher Farben mit sanften Übergängen, z. B. verschiedene Blau- und Violetttöne oder Gelb- und Orangeschattierungen.
4. **Ton in Ton:** Kombination von Blüten derselben Grundfarbe in verschiedenen Helligkeitsstufen, z. B. von tiefem Dunkelrot bis zu pastelligem Hellrot. ■

DAS SPIEL DER *Formen*

BALKONPFLANZEN SIND VERSCHIEDENER GESTALT: klein, mittelgroß oder hoch- und breitwüchsig; schlank aufrecht, kompakt buschig oder locker verzweigt; polsterartig, leicht überhängend oder mit langen Hängetrieben. Dazu können Kletterpflanzen mit langen, aufstrebenden Trieben kommen.

Das Zusammenstellen ähnlicher Wuchstypen kann gerade bei mittelgroßen, buschigen Pflanzen sehr ansprechend wirken, etwa in einem Kasten mit Knollen-Begonien und Fleißigen Lieschen. Doch auch das Kombinationsspiel verschiedener Wuchsformen schafft in einem Kasten abwechslungsreiche Gestaltungsmöglichkeiten.

Leitpflanzen & Begleiter

„Klassisch" ist die Verwendung stattlicher, oft auch großblütiger Blumen als dominierende Leitpflanzen, etwa aufrechte Pelargonien (Geranien) oder Kapkörbchen. Zu ihnen gesellt man dann zierlichere Begleiter wie Männertreu oder Husa-

Leitpflanzen Pelargonien in Rot geben den Ton an, begleitet von blauem Männertreu.

Wuchstypen Sie bekommen in diesem Kasten Platz und Raum zum Wirken.

Auf allen Etagen Ein wahres Blütenfeuerwerk mit Lilien bietet dieser Holzkasten.

Blüten- und Blattformen sind in diesem Arrangement perfekt vereint.

renknöpfchen. Diese wachsen häufig leicht überhängend und eignen sich so hervorragend, um die Schmalseiten von Kästen oder die Ränder von Töpfen abzurunden. Sind die Kästen breit genug für eine zweireihige oder versetzte Pflanzung, kommen die hohen Kandidaten nach hinten, die kleineren an den vorderen Kastenrand.

Dazu können Sie je nach Kastenlänge einige mittelgroße Pflanzen (z. B. Elfenspiegel oder Studentenblumen) einfügen, sodass sich eine Art Höhenstaffelung ergibt. Prägnant ist eine symmetrische Anordnung mit den hohen Leitpflanzen in der Mitte. Es kann aber auch interessant wirken, wenn der Hauptblickpunkt deutlich nach links oder rechts verschoben wird.

Für den Part der Leitpflanzen eignen sich außerdem prächtige Hängepflanzen wie Petunien, Zweizahn oder Verbenen. Zarte Begleiter würden von ihnen allerdings bald überwuchert. Als Kontrapunkt eignen sich eher buschige, kräftige Pflanzen wie Vanilleblume oder Ringelblume. Sie können aber auch einfach zwei oder drei dieser Hängepflanzen in einem Kasten kombinieren. Sie machen selbst ohne weitere Begleiter allerhand her. Und natürlich beeindrucken sie auch als „Solisten", etwa in einer großen Ampel.

Blüten- & Blattformen

Blüten und Blütenstände wirken nicht nur durch ihre Farben, sondern auch durch ihre Formen, z. B. schalen-, stern- oder glockenartig, in dichten Dolden oder schlanken Rispen. Wenn man sie bewusst einsetzt, lassen sich abwechslungsreiche Bepflanzungen schaffen. Große Blüten und üppige Blütenstände wirken markant und farblich „plakativ"; kleinere, locker verteilte Blüten erscheinen luftiger, verspielter. So lässt sich beispielsweise die Wirkung eindrucksvoller Blüher schön mit kleinblütigen Partnern unterstreichen. Sehr vielfältig sind auch die Blattformen mitsamt ihren unterschiedlichen Grünnuancen. Großflächige und fein gefiederte Blätter, rundliche und schmale, fast grasartige Blattspreiten: Solche Zusammenstellungen fallen ins Auge. Da aber bei Balkonblumen die Blüten und die Wuchsformen im Vordergrund stehen, sind die Blätter meist eher das i-Tüpfelchen einer Gestaltung. ■

ESSBARE BLÜTEN & BLÄTTER Sie sind das geschmackvolle Highlight der frischen Küche. Eine Übersicht für den stilvollen Frischekick finden Sie hier oder unter www.m.kosmos.de/14592/tb2

Blüten IN ALLEN ETAGEN

AUF EINEM GROSSEN BALKON, einem Dachgarten oder einer Terrasse kann man aus dem Vollen schöpfen, was Pflanzen, Gefäße und Gestaltung angeht. Hier bereichern luftig aufgehängte Pflanzenzierden und grüne, blühende Wände das Bild. Noch wertvoller sind solche Lösungen auf einem kleinen Balkon, auf dem jeder Topf und Kasten am Boden die Bewegungsfreiheit und den Platz für Tisch und Stühle einschränken kann.

Von unten her

Wo etwas freie Bodenfläche verfügbar ist, lässt sich die „Hauptbepflanzung“ am Geländer ergänzen. Größere Kübelpflanzen in schmucken Töpfen setzen an den Ecken von Geländer und Hauswand attraktive Akzente. Alternativ können Schalen oder Gruppen aus kleineren Töpfen, bepflanzt mit Sommerblumen, Stauden oder

Auf Augenhöhe Höher gestellte Pflanzenkästen schaffen Raum auf dem Balkon.

Hoch, höher ... Pflanzkörbe mit verschiedenen Etagen wirken immer imposant.

Stufe um Stufe Regale und Leitern eignen sich ideal für gestaffelte Arrangements.

Zwerggehölzen, die Ecken und den unteren Bereich ausschmücken.
Dabei muss es nicht bleiben, wenn Sie Pflanzentreppen und Blumenregale einsetzen: Sie erweitern die Stellflächen vom Fußbereich bis in höhere Etagen. Es lohnt sich, das vielfältige Angebot an Pflanzenregalen zu studieren: Hier findet sich für fast jeden Balkon eine passende Lösung, z. B. in Form platzsparender Eckregale – und das oft in dekorativer Ausführung.

In luftiger Höhe

Keinen Zentimeter Bodenfläche müssen Sie opfern, wenn Sie den „Luftraum" nutzen: An der Decke oder an hohen Querstreben angebrachte Ampeln und *Hanging Baskets* (siehe S. 40/41) werden zu Highlights der Balkongestaltung, wenn sie aparte Schönheiten beherbergen. Allerdings verlieren solche Blickpunkte an Reiz, wenn sie im Übermaß eingesetzt werden: Ein oder zwei attraktiv bepflanzte Deckengefäße reichen oft schon.

Sehr wichtig ist hier eine „bombenfeste" Anbringung der Halterungen. Wo keine Decke zur Verfügung steht, bieten sich zum Aufhängen von Ampeln lange, stabile Seitenwandhalterungen aus Metall an. Achten Sie gerade bei den hoch aufgehängten Pflanzen darauf, dass sie für Pflegemaßnahmen gut erreichbar sind und eventuell überlaufendes Gießwasser keine wertvollen Möbel oder Ähnliches schädigen kann.

Immer an der Wand lang

Sogenannte Wandampeln mit gerader Rückseite werden direkt an der Hauswand befestigt. Zuvor angeschraubte Lattenstücke beugen als Abstandshalter eventuellen Fassadenschäden vor. Ansonsten können auch Wandregale, fest angebrachte Holzgitter und ähnliche Vorrichtungen zusätzliche Stellflächen oder Aufhängemöglichkeiten für Pflanzgefäße bieten. ■

EINJÄHRIGE KLETTERPFLANZEN

Für sonnige Plätze: Glockenrebe *(Cobaea scandens)*, Zierkürbis *(Cucurbita pepo)*, Schönranke *(Eccremocarpus scaber)*, Trichterwinde *(Ipomoea purpurea)*, Prunkwinde *(Ipomoea tricolor)*, Rosenmantel *(Rhodochiton atrosanguineus)*, Schwarzäugige Susanne *(Thunbergia alata)*
Für sonnige bis halbschattige Plätze: Duft-Wicke *(Lathyrus odoratus)*, Feuerbohne *(Phaseolus coccineus)*, Kapuzinerkresse *(Tropaeolum majus)*, Kanarische Kresse *(Tropaeolum peregrinum)*
Für sonnige bis schattige Plätze: Japanischer Hopfen *(Humulus japonicus)*

GEMÜSEWAND Eine charmante, leicht umsetzbare Pflanzidee, die nachhaltig funktioniert und staunende Blicke garantiert! Hier entlang: www.m.kosmos.de/14592/tb3

BLUMIGE *Frühlingsgefühle*

IM ZEITIGEN FRÜHJAHR lässt sich der Balkon noch nicht als „Freiluft-Wohnzimmer" nutzen. Doch eine Frühlingsbepflanzung macht sich bei jedem Blick nach draußen bezahlt: Die ersten bunten Blüten verkünden das Ende der trüben Wintertage und hellen die Stimmung auf.

Blütenpracht aus Zwiebeln

Blumenzwiebeln und -knollen können Sie, wie auch im Garten üblich, bereits im September und Oktober in Gefäße pflanzen. Dann sind die Pflanzen im Frühling optimal an den anfangs noch kühlen Freiluftaufenthalt angepasst. In frostigen Wintern kann allerdings eine gute Isolierung der Gefäße nötig werden oder auch das vorübergehende Unterbringen an einem geschützten, kühlen Platz. Beim Stecken im Herbst ist es besonders wichtig, für eine gute Dränage (z. B. Blähton, Kies) am Gefäßboden zu sorgen, da die Zwiebeln bei Dauernässe faulen können. Einfacher geht das Ganze mit im Frühjahr gekauften, bereits knospenden oder blühenden Blumen. Die Sortenauswahl ist allerdings kleiner und teils müssen die Pflanzen erst allmählich an die Kälte im Freien gewöhnt werden. Ausgespro-

Ganz in Weiß Originelle Töpfe passend zur Blütenfarbe verstärken deren Wirkung.

Viola Violett Mini-Stiefmütterchen *(Viola)* und Hyazinthen im violetten Korb.

Winter ade Knallgelbe Narzissen mit weißen Tausendschön und Stiefmütterchen.

chen früh blühende Schönheiten wurden oft im Warmen vorgetrieben und sind dann besonders empfindlich.

Vom Vor- bis Spätfrühling

Häufig blühen schon im Februar anmutige Botanische Krokusse wie Bunter Krokus *(Crocus chrysanthus)* und Elfen-Krokus *(C. tommasinianus)*. Etwas später folgen die großblumigen, sehr farbkräftigen Garten-Krokusse *(C. vernus)*. Hübsche Frühblüher sind außerdem Schneeglöckchen *(Galanthus nivalis)* und das rosa, lila oder weiß blühende Vorfrühlings-Alpenveilchen *(Cyclamen coum)*, das im Halbschatten am besten gedeiht, sowie der Blaustern *(Scilla)*. Ab März beleben die frühen Narzissen und Tulpen die Szenerie. In hohen, großblütigen Sorten eignen sie sich wunderbar als Leitpflanzen, die von kleineren Blühern untermalt werden. Noch eindrucksvoller präsentieren sich Ranunkeln *(Ranunculus asiaticus)* mit großen Blütenbällen in nahezu allen Farbtönen. Da sie recht kälteempfindlich sind, sollte man auf die allerfrühesten Angebote verzichten und erst gegen Anfang April knospende Exemplare auspflanzen. Dasselbe gilt für die betörend duftenden Hyazinthen *(Hyacinthus orientalis)*, die ab April ihre aparten Blütenstände öffnen. Ebenfalls ab April blühen die robusteren Traubenhyazinthen *(Muscari armeniacum)*. Mit ihren tiefblauen Blütentrauben und nur 15–25 cm Höhe sind sie attraktive Begleiter für Narzissen, Tausendschön und andere Frühjahrsblüher.

Ranunkeln und Hyazinthen überzeugen auch als Einzelpflanzen. Andere Zwiebel- und Knollenblumen setzen Sie besser in kleinen Gruppen zu mindestens drei, damit sie richtig Wirkung zeigen.

Blumen zum Abrunden

Für eine charmante Frühjahrsbepflanzung sind zweijährige Blumen wie Tausendschön, Vergissmeinnicht, Stiefmütterchen und Goldlack geradezu unentbehrlich. Sie werden im Sommer gesät und blühen im folgenden Frühling oder Frühsommer. Im Frühjahr sind sie oft auch in großer Auswahl als Jungpflanzen erhältlich. Ebenso die hübschen Kissen-Primeln und Mini-Stiefmütterchen *(Viola cornuta)*, die über viele Wochen mit kleinen, sehr zahlreichen Blüten bezaubern. ■

SOMMERLICHE *Blütenträume*

DAS PFLANZENANGEBOT FÜR SONNIGE PLÄTZE ist groß. Da gilt es zum einen, gestalterische Prioritäten zu setzen, zum andern gelingt die Bepflanzung am besten, wenn sie auf einem Grundstock aus bewährten Blumen aufbaut, die selbst bei ungünstigem Sommerwetter einigermaßen zuverlässig blühen. Das heißt nun keinesfalls, dass man nur „Allerweltsblumen" wie Pelargonien (Geranien) pflanzen und auf weniger bekannte Schönheiten verzichten sollte. Aber gerade erprobte Balkonfavoriten, die im Porträtteil den Schwerpunkt bilden, zeigen auch die Vorteile langjähriger Züchtungsarbeit: Schließlich sollen sie ihre zahlreichen Fans möglichst immer zufriedenstellen.

Augenschmaus mit Stil

Mit der Vielfalt sonnenliebender Blumen ist der Blüten-Farbtopf prall gefüllt. Kunterbunt kann Spaß machen; aber oft erfreut es das Auge nachhaltiger, wenn man sich für einen gewissen Stil

Sommer! Blütenstarke Liebeserklärung an den Sommer mit Pelargonien im umfunktionierten Spankorb.

Fröhliches Schauspiel mit bunten Zinnien und orangefarbenen Ringelblumen (oben).

Markant Rote Zauberglöckchen mit burgunderfarbenen Kapkörbchen *(Osteospermum)*.

Sonnenliebhaber Kapkörbchen geben auch einzeln gepflanzt eine tolle Figur ab.

entscheidet. Das kann im einfachsten Fall entweder eine muntere, lebhafte Szenerie sein, in der warme Farbtöne dominieren, oder aber eine dezente bis leicht verträumte Linie mit vorherrschenden kühlen Farben sowie zarten Tönen. Typische Hauptdarsteller im fröhlichen Schauspiel sind z. B. gelbe, orange und rote Studentenblumen, Ringelblumen und Zinnien, Zweizahn, leuchtend rote Pelargonien und Petunien sowie Kapkörbchen in warmen Farben. Einige markante, blaue und violette Blüher wie Vanilleblumen setzen wirksame Kontraste, etwas zurückhaltender auch zierliche Begleiter wie Männertreu. Weiße Blüten aller Art können eine erfrischende Note beitragen und „Ballungen" intensiver Rottöne auflockern.

In der gediegeneren Aufführung gehen die Hauptrollen z. B. an Kapaster, Vanilleblume, Fächerblume, blaue bis violette Verbenen, Blaues Gänseblümchen *(Brachyscome)* und entsprechend gefärbte Petunien. Weiß, z. B. von Pelargonien, Kapkörbchen oder Duftsteinrich, hellt das Ganze freundlich auf. Rosa Sorten, die es von vielen Blumen gibt, fügen sich harmonisch ein und sorgen für ein leicht romantisches Flair. Das wird noch verstärkt, wenn pastellige Töne, etwa von Löwenmäulchen und Elfenspiegel, hinzukommen. Wie in der anderen Variante können auch hier Kontrastfarben die Wirkung verstärken: bei hohem Rosaanteil eher in Gelb, ansonsten auch in kräftigem Rot oder Orange.

In der prallen Sonne

Wo auf einem Südbalkon fast ganztägig die Sonne „knallt", wird es selbst manchen lichtliebenden Pflanzen zu viel. Da sind wahre Sonnenkinder gefragt: so etwa Portulakröschen, Kapkörbchen, Mittagsblume *(Dorotheanthus, Lampranthus)*, Mittagsgold (*Gazania*-Hybriden) und Strohblume *(Helichrysum bracteatum)*. Sie machen bei ausreichender Wasserversorgung selbst in brütend heißen Zeiten eine gute Figur. Allerdings: Wenn der Sommer verregnet ist, bleiben die Blüten oft geschlossen, schlimmstenfalls beginnen sogar Triebe zu faulen. Deutlich wetterfester und zugleich hitzeverträglich sind besonders der robuste Zweizahn, außerdem Kapaster, *Mecardonia*, Goldtaler *(Asteriscus maritimus)* und Mehlsalbei *(Salvia farinacea)*. ■

MINI-WÜSTE IN DER SCHALE Vorsicht, stachelig! Wie Sie auch auf engstem Raum Ihre eigene Wüstenlandschaft gestalten können, sehen Sie hier oder unter www.m.kosmos.de/14592/tb4

VIELFALT IM *Schatten*

BESONDERE AUFMERKSAMKEIT erfordert der Balkon, wenn er weniger als die Hälfte des Tages von der Sonne verwöhnt wird. Immerhin sind etliche beliebte Balkonblumen für Sonne wie Halbschatten ausgewiesen, so etwa Pelargonien (Geranien), Petunien und Ringelblumen. Wagen Sie im Zweifelsfall ruhig einen Versuch. Wo allerdings auch solche Blüher nicht befriedigen, sind „Spezialisten" gefragt.

Die großen Drei

Knollen-Begonien, Fleißiges/Edel-Lieschen, Fuchsien: Das sind die „großen Drei", wenn es um die Bepflanzung von halbschattigen oder auch etwas stärker beschatteten Standorten geht. Sie alle sind wunderschöne Blüher. Begonien und Edellieschen (*Impatiens-Neu-Guinea*-Hybriden) warten zudem teils mit attraktiven, rot- bis schwarzbraunen oder bronzefarbenen Blättern auf. Drei Pflanzen: Das mag zunächst nach starker Einschränkung klingen, durch ihre Sortenvielfalt sind sie aber alles andere als langweilig. Knollen-Begonien bieten fast alle Blütenfarben außer Blau und das fehlende Violett können Edellieschen ebenso beisteuern wie Fuchsien. Bei allen Dreien können Sie außerdem zwischen einfachen, halb gefüllten und gefüllten Blüten wählen. Und schließlich gibt es Fuchsien und Begonien sowohl in aufrechten wie in hängenden Wuchsformen.

Verstärkung im Halbschatten

Unter den Sommerblumen sind auch die Eis-Begonien (*Begonia-Semperflorens*-Hybriden) ansehnliche Schattenzierden. Mit ihren weißen,

Fuchsien und Knollen-Begonien füllen formstark auf und sind Schattenprofis.

Buntnesseln Riesige Vielfalt, gut anpassungsfähig und absolut pflegeleicht.

rosa oder roten, meist einfachen Blüten wirken sie etwas zarter als die Knollen-Begonien, sind aber tatsächlich recht robust. Die Sorten schmücken sich oft mit braun-rotem, schwarz-braunem oder bronzefarbenem Laub.
Eine große Bereicherung für Gestaltungen in weniger sonnigen Balkonbereichen sind zudem schattenverträgliche Stauden in Zwergformen oder Topfsorten, die sich gut mit anderen Pflanzen kombinieren lassen. Hierzu zählen etwa Bergenien, die kleine Glockenblume und das Pfennigkraut. Noch etwas mehr Schatten vertragen Zwergastilben sowie Funkien.

Zierende Blätter

Für gemischte Kästen geeignet sind attraktive einjährige Blattschmuckpflanzen wie Buntnessel *(Solenostemon scutellarioides)* und Harfenstrauch *(Plectranthus forsteri)*. Das gilt ebenso für mehrjährige Blattschmuckpflanzen, die auch als Herbst- und Winterzierden Bedeutung haben: so das Purpurglöckchen (*Heuchera*-Hybriden) mit herzförmigen, oft wunderschön gefärbten Blättern, buntblättrige Sorten des Günsels *(Ajuga reptans)* und der Schmalblättrige Graskalmus *(Acorus gramineus)*. In dunklen Ecken können außerdem kleine Farne den Schatten verschönern. In bunte kleine Kästen gepflanzt, haben sie eine pfiffig erfrischende Ausstrahlung. ■

KLEINE GEHÖLZE FÜR SCHATTIGE PLÄTZE

Für den Halbschatten: Zwergmispel *(Cotoneaster)*, Hortensie *(Hydrangea macrophylla)*, Johanniskraut *(Hypericum)*, Zwergfichte (*Picea*-Sorten)
Auch für stärkeren Schatten: Kissen-Berberitze *(Berberis candidula)*, Buchs *(Buxus sempervirens)*, Scheinbeere *(Gaultheria procumbens)*, Torfmyrte *(Pernettya mucronata)*, Skimmie *(Skimmia japonica)*, Zwergeibe (*Taxus cuspidata* 'Nana')

Blumenspaß in Gummistiefeln

GROSSER SPASS FÜR KLEINE HÄNDE. Auch auf Balkon und Terrasse lässt sich mit Kindern gärtnern und ihnen ein wenig Natur vor der eigenen Wohnungstüre näherbringen: Blumen selbst aussäen, leckeres Beerenobst direkt von der Pflanze naschen oder lustige Gefäße in der Lieblingsfarbe bepflanzen! Es macht Freude gemeinsam in der Erde zu wühlen und die kleinen oder großen Pflänzchen beim Wachsen zu beobachten und zu begleiten.

Damit der Traum vom eigenen Balkonkasten auch (ohne Tränen) Wirklichkeit wird, ist es wichtig, pflegeleichte und zuverlässige sowie rasch wachsende Arten zu verwenden. Erklären Sie Ihren Kindern zu Beginn, worauf es ankommt, zeigen Sie wichtige Schritte und begleiten Sie sie einige Zeit bei der Pflege. Aber lassen Sie Ihre kleinen Gärtner sonst einfach machen, denn die goldene Regel lautet: es muss nicht perfekt sein!

Blühende Gummistiefel

Eine witzige Idee, die Lust macht, gleich loszulegen. Es dürfen auch ältere Stiefelchen sein. Hauptsache, sie sind schön bunt und nicht zu klein. Toll wirkt es, wenn Stiefel und Blüten farblich zusammenpassen. ❶ Sie benötigen: 1 Paar Gummistiefel; 2 vitale Topf-Jungpflanzen, hier Elfensporn 'Little Dancer' (*Diascia* 'Little Dancer'); gut durchlässige, humose Erde; einige Steinchen; eine Hand voll gewaschenen Kies; Pflanzschaufel, Gießkanne, spitzen Schraubendreher.

1

❷ Los geht's! Zuerst einige Löcher in die Sohle bohren, um den Wasserabzug zu gewähren, dann eine ca. 5–7 cm hohe Steinschicht (Dränage) einbringen. ❸ Stiefel etwa bis zur Hälfte locker mit Erde befüllen, die Pflanzen aus den Töpfen nehmen und vorsichtig das Wurzelgeflecht öffnen, um die Feinwurzeln freizulegen. ❹ Die Pflanzen ohne großen Druck in die Stiefel setzen und etwas Erde (bis ca. 2 cm unter die Stiefeloberkante) nachfüllen. Leicht andrücken. ❺ Abschließend eine lockere Lage (ca. 2 cm) Kies einfüllen und das Stiefelpaar gut und gleichmäßig wässern. An einen sonnigen, windgeschützten Platz stellen. Fertig!

GANZ PFLEGELEICHT!

Kunterbunte Blütenfreuden

- Elfensporn
- Gänseblümchen
- Löwenmäulchen
- Mohnblume
- Schneeglöckchen
- Sonnenblume
- Stiefmütterchen
- Traubenhyazinthe

BEZAUBERNDE *Spätjahresfreuden*

WIRD ES IM FREIEN UNGEMÜTLICH, räumen viele Balkongärtner die Blumenkästen ebenso weg wie die Möbel. Wer aber etwas Zeit in eine Spätjahresbepflanzung investiert, wird das kaum bereuen: Jeder Blick oder kurze Gang nach draußen hebt die Laune, wenn Blüten-, Blatt- und Fruchtschmuck die triste Stimmung vertreiben.

Blühende Muntermacher

Etliche Sommerblumen blühen noch ganz ansehnlich bis zu den ersten Frösten. Trotzdem lohnt es sich, ab Ende August/Anfang September ein paar neue Kästen oder Töpfe zu bepflanzen: Farbenfrohe Herbst-Chrysanthemen, Dahlien, herbstblühende Stiefmütterchen, Kissen-Astern, Besenheide, Herbst-Alpenveilchen und Fetthenne bringen frischen Schwung auf den Balkon und machen den Abschied vom Sommer leichter. In den letzten Jahren wurde das Herbstsortiment durch weitere Zierden ergänzt, etwa das gelb blühende Goldköpfchen *(Ajania pacifica),* auch als Silberrandchrysantheme bekannt, sowie die blaue Bleiwurz *(Ceratostigma plumbaginoides).* Spätestens im November geht allerdings auch der Flor der Herbstblüher zur Neige. Nur die

Saisonverlängerung Sedum 'Lemon Ball', Purpurglöckchen, Chrysanthemen und Segge machen's möglich!

Herbstlich Blau-Schwingel, Stiefmütterchen, Kegel-Zypresse, Wacholder und Torfmyrte mit weißen Beeren.

Winterschmuck Liebevoll geschmückte Körbe mit Schneeheide.

späten Knospenblühersorten der Besenheide *(Calluna vulgaris)* zeigen ihre hübschen Glöckchen noch im Dezember. Spätestens dann kann die „echte" Winterheide übernehmen: Die Schneeheide *(Erica carnea)* blüht je nach Sorte ab November unverdrossen bis ins Frühjahr hinein. Dasselbe gilt für die schmucke Christrose, die oft schon ab November blühend angeboten wird.

Auffällige Blattschönheiten

Sogenannte Strukturpflanzen, die sich durch besondere Blattformen und -farben sowie markante Wuchsformen auszeichnen, haben eine besondere Bedeutung in Herbst- und Winterarrangements – nicht zuletzt, um die abnehmende Bandbreite der Blüher zu ergänzen. Ein Klassiker ist das Silberblatt *(Senecio bicolor)* mit hübsch gefiederten Blättern. Ebenso sein moderner „Konkurrent" die Stacheldrahtpflanze *(Calocephalus brownii)* mit bizarr verästelten, silbrigen Zweigen. Beide sind nicht winterhart, sehen aber noch einige Zeit nach dem ersten Frost passabel aus. Nachhaltiger sorgen winterharte, wintergrüne Stauden für Blattschmuck. Vor allem das Purpurglöckchen (*Heuchera*-Hybriden), dessen Sorten mit sehr attraktiven Blättern in zahlreichen Rot-, Braun- und Gelbnuancen aufwarten. Dazu kommen z. B. Buntblättriger Salbei (*Salvia officinalis* 'Icterina') und kleine Gräser wie der Blau-Schwingel *(Festuca cinerea)*.

Gehölze im Mini-Format

Wichtige „Stützen" in Winter- und Dauerbepflanzungen sind immergrüne Zwerggehölze. Mini-Nadelgehölze wie Zwergtanne (*Abies balsamea* 'Nana') und Zwergwacholder (*Juniperus squamata* 'Blue Star') bestechen durch ihre Wuchsformen, Nadelstrukturen und teils durch ihre bläuliche oder gelbgrüne Färbung. Zu den attraktivsten Vertretern kleiner Laubgehölze zählen Scheinbeere *(Gaultheria procumbens)*, Torfmyrte *(Pernettya mucronata)* und Skimmie *(Skimmia japonica)*. Sie übersäen sich ab Herbst mit kugeligen, meist roten Beeren, die sich ansprechend vom tiefgrün glänzenden Laub abheben. Vorsicht, die Beeren sind leicht giftig. ■

VOGELPLÄTZCHEN BACKEN Kreative und gesunde Versorgung für hungrige Winter-Balkonbesucher. Das Rezept samt Zutaten finden Sie hier oder unter: www.m.kosmos.de/14592/tb5

Lavendel

pflanzen & pflegen

PRAXIS

BALKONGÄRTNER-BASICS

S. 30

Balkongröße & -lage

In der Beschränkung auf das Wesentliche liegt Ihr Schlüssel zur blühenden Balkonoase. Geben Sie Ihren Pflanzen stets genügend Raum zur Entfaltung und bedenken Sie die jeweiligen Licht- und Standortansprüche.

S. 32

Gute Pflanzenwahl

Beim stetig wachsenden Balkonpflanzenangebot den Überblick zu behalten, ist eine gewisse Herausforderung. Achten Sie stets auf gute Pflanzenqualitäten und überprüfen Sie beim Einkauf das Blattwerk sowie den kompakten Wuchs und Wurzelballen. Damit haben Sie den ersten Schritt für eine lange Blütenfreude getan.

S. 34

Aussaat

Wenn Sie das Pflanzenglück gerne selbst in die Hände nehmen möchten, dann erfahren Sie hier, welche Schritte und Handgriffe zum Gelingen notwendig sind.

S. 38

Bepflanzung – so geht's!

Die wichtigsten Arbeitsschritte, um Ihren Balkonkasten rasch zum Blühen zu bringen, lesen Sie hier. Denken Sie dabei auch an eine gute Werkzeug-Grundausstattung.

S. 42

Gießen & Düngen

Erfahren Sie, wie sich Zeitpunkt und Düngermenge auf Wachstum und Vitalität auswirken.

S. 46

Gesunde Pflanzen

Schädlinge und Krankheiten machen auch vor Balkonoasen nicht Halt. Ungünstige Standorte, schlechte Pflege oder mangelnde Pflanzenqualität sind leichte Eintrittspforten: hier gibt es wichtige Vorbeuge- und Notfallmaßnahmen im Überblick.

GRÖSSE UND *Lage*

VERSUCHEN SIE, DIE VERHÄLTNISSE AUF IHREM BALKON möglichst realistisch einzuschätzen. Ein überschaubarer Einstieg mit wenigen Arten, deren Ansprüche gut mit den vorhandenen Gegebenheiten harmonieren, ist motivierender als eine Vielfalt „unsicherer Kandidaten".

Weniger wirkt mehr

Auch wenn es schwerfällt: Weniger ist mehr. Nicht nur kleine Balkone wirken schnell „vollgestopft", wenn sie eine Fülle schöner Pflanzen, Töpfe, Möbel und Dekos beherbergen sollen. In zu dicht stehenden und bepflanzten Gefäßen behindern sich die Pflanzen gegenseitig; zudem können sich Schädlinge und Krankheiten leichter ausbreiten. Nutzen Sie daher auch platzsparende Lösungen wie Pflanzentreppen und Wandregale (siehe S. 14/15) sowie Klapp-Tische und Sitztruhen mit Stauraum.

Denken Sie auch an die Tragfähigkeit des Balkons. Große Kübel mit feuchter Erde haben ein beachtliches Gewicht; dazu kommen Möbel, vielleicht noch ein Mini-Teich oder kleiner Sandkas-

Heimelig Eingebettet in ein Blütenmeer, ein wahrlich schöner Verweilplatz.

Farbige Unterstützung Ein weißer Wandanstrich erhöht die Lichtmenge für Pflanzen.

Platzsparend Hier wird jeder Meter perfekt genutzt.

ten für die Kinder und nicht zuletzt alle Personen, die gerade auf dem Balkon sind. Nach einer DIN-Norm müssen Balkone eine „Nutzlast" von mindestens 350 kg pro m² aushalten, bei einer Fläche unter 10 m² sogar 500 kg pro m². Das ist besonders in Altbauten nicht immer zuverlässig gegeben. Bei einer Mietwohnung sollte der Vermieter Auskunft geben können; im Zweifelsfall benötigen Sie eine zuverlässige Statikprüfung.

Sonne & Licht

Die meisten Balkonblumen mögen es sonnig-hell. Viele Schönheiten kommen aber noch mit leichter Beschattung zurecht, oft sogar mit Halbschatten. Und selbst für stärker beschattete Plätze gibt es durchaus attraktive Gestaltungsmöglichkeiten (siehe S. 20/21). Da es den Pflanzen vorrangig um Licht und weniger um die direkte Sonne geht, gedeihen für Halbschatten ausgewiesene Arten oft auch auf einem Nordbalkon passabel – allerdings nur, wenn der nicht zusätzlich durch hohe Gebäude oder Bäume beschattet wird. Ein weißer Wandanstrich und helles Mobiliar erhöhen die pflanzenverfügbare Lichtmenge spürbar. Auf einem Süd- oder Westbalkon allerdings kann die Reflexion intensiver Mittagssonne die Umgebung weißer Wände so erhitzen, dass dort platzierte Pflanzen leiden und anfälliger für Krankheiten und Schädlinge werden. Selbst viele sonnenliebende Blumen tun sich in der prallen Mittagshitze schwer. Schattierungen sind dann für die Pflanzen ebenso angenehm wie für uns. Es gibt aber auch ausgesprochene Sonnenanbeter, z. B. Zweizahn und Kapaster, denen Hitze wenig ausmacht (siehe S. 19).

Regen & Wind

Regen- und Windfestigkeit sind ein wichtiges Züchtungsziel bei Pflanzen. Entsprechend gibt es mittlerweile etliche robuste Arten und Sorten (siehe Porträts ab S. 52).
Das kann besonders auf einem exponierten Westbalkon entscheidend sein. Empfindlichere Pflanzen sollten hier möglichst an einem geschützten Platz stehen. Beachten Sie, dass gefüllte Blüten im Allgemeinen Regenfälle schlechter vertragen, weil ihre dichten Blütenblätter langsamer abtrocknen. ■

PFLANZEN *kaufen*

DAS BALKONBLUMENANGEBOT IST RIESIG und wechselhaft. Ständig kommen neue Arten, Sorten und besondere Züchtungen hinzu, während andere wieder vom Markt verschwinden.
Entweder weil sie sich mit ihren spezifischen Eigenschaften nicht bewährt haben oder die Nachfrage zu gering war. Zudem haben Zeitgeist und gestalterische Trends großen Einfluss auf das Sortiment.

Klare Vorstellungen helfen

Die entscheidenden Faktoren für die Pflanzenauswahl sollten neben eigenen Vorlieben und vorhandenem Budget die Standort- und Wuchsbedingungen der Pflanzen sein. Wenn Sie Ihre Standortbedingungen kennen und wissen, welche Menge Sie benötigen, vermeiden Sie Fehlkäufe und nachträgliche Enttäuschungen, vor allem aber haben Sie von Beginn an beste Bedingungen in Topf und Kübel.
Denken Sie beim Pflanzeneinkauf auch daran, ob Sie Einjährige und somit saisonale Pflanzungen bevorzugen oder eine ausdauernde Bepflanzung mit Mehrjährigen wünschen – hierbei ist die Überwinterung in einem meist hellen, kühlen Raum zu berücksichtigen beispielsweise in einem Treppenhaus.

Qualität vor Quantität

Neben einer guten Planung ist die Pflanzenqualität die wichtigste Säule, um widerstandsfähige Pflanzungen mit üppigem Blütenflor zu erhalten. Ungeachtet dessen, wo Sie Ihre Pflanzen kaufen, schauen Sie sich diese immer genau an. Jungpflanzen sollten einen kräftigen, gleichmäßigen Wuchs und einen guten Knospenansatz haben, auch die Blattunterseiten sollten einen gesunden Eindruck machen. Das Blattwerk sollte (außer

Pflanzen kaufen macht Freude Sind Sie unsicher, lassen Sie sich vom Fachpersonal beraten.

Wurzelprüfung Gut durchwurzelter Ballen mit ausreichend Feinwurzeln.

Qualität Diese Petunie hat Eisenmangel, erkennbar an den hellgrünen Blattadern.

bei speziellen Sorten) nicht untypisch hell sein (Nährstoffmangel!) und auch sonst frisch und vital aussehen (keine Flecken, Pilzbeläge etc.). Zur Qualitätsprüfung ist es auch wichtig, die Pflanzen aus ihren Kulturgefäßen zu nehmen, um einen Eindruck von der möglichst guten Ballendurchwurzelung zu bekommen. Ein ausgewogener Anteil an feinen Wurzeln ist hierbei notwendig.

Gute Einkaufsquellen

Prinzipiell dürfen Sie überall dort zuschlagen, wo Sie Pflanzen guter Qualität bekommen. Das kann im örtlichen Gartencenter, im Gartenfachbetrieb oder über entsprechende Internet-Anbieter sein (siehe auch Service S. 76 f.). Ebenso auf dem Wochenmarkt. Sie werden überrascht sein, welch gutes Angebot an gesunden Saisonpflanzen Sie dort vorfinden.

Schwieriger wird es schon, spezielle Züchtungen und Raritäten zu bekommen. Hier hilft gute Recherche, um Anbieter (Züchter, Raritäten-Gärtnereien) ausfindig zu machen. Aber es lohnt sich, wenn Sie besondere und exotische Highlights wünschen.

Der einstige „Geheimtipp", die Pflanzenbörsen von Pflanzenliebhabergesellschaften und Gartenbauvereinen als Einkaufsquelle zu nutzen, ist aus gutem Grund beliebter geworden: besondere Sorten, preiswerte Ware, gute Qualität, gute regionale Bezugsquellen mit persönlicher Note! Achten Sie auf Anzeigen in der Presse und auf öffentliche Aushänge sowie Plakate. ■

CHECKLISTE PFLANZENKAUF Damit Sie an gekauften Pflanzen lange Freude haben, lohnt sich vorab ein Blick auf diese Liste. Schauen Sie hier oder unter www.m.kosmos.de/14592/t6

BALKONBLUMEN selbst aussäen

WENN SIE DAS PFLANZENGLÜCK selbst in die Hände nehmen möchten, können Sie bereits ab Februar mit der Aussaat auf der Fensterbank beginnen. Nur wenige Handgriffe und etwas Geduld sind notwendig, bis aus kleinen Sämlingen stattliche Balkonblumen werden.

Gut zu wissen

Nicht jede Pflanze ist aufgrund ihrer speziellen Anforderungen an Temperatur, Lichtverhältnisse etc., für die Aussaat auf der eigenen Fensterbank geeignet. Daher ist es ggf. sinnvoll, auf Pflanzen aus der Gärtnerei zurückzugreifen.
Als grober Starttermin für die Aussaat gilt der Februar, je nach Art staffeln sich die Aussaattermine dann bis weit in die Saison. Für ganz frühes Saatgut sind spezielle Pflanzenleuchten notwendig, um keimfreudige Bedingungen zu schaffen. Etwa ab Mitte Februar bietet aber die Fensterbank gutes Keimlicht – sowie die notwendige Wärme von unten.
Ganz wichtig für das Gelingen der Aussaat ist die Güte der verwendeten Erde. Diese sollte ungedüngt und keimfrei sein, um konstante und konkurrenzfreie Bedingungen zu gewähren. Die im Handel erhältlichen „Aussaaterden" können Sie mit gutem Gewissen verwenden, denn eigene herzustellen, bedeutet einigen Aufwand.

Mini-Gewächshäuser sorgen für optimale Luftfeuchte.

Gutes Saatgut – gute Ergebnisse

Das Angebot an Balkonblumen-Saatgut ist riesig. Da die Aussaat aber möglichst im ersten Anlauf gelingen soll, ist es wichtig, kein altes Saatgut zu verwenden, das über mehrere Jahre gelagert wurde. Es verliert mit der Zeit seine Keimfähigkeit. Achten Sie zudem darauf, kein Hybrid-Saatgut (F1-Hybriden) zu kaufen, da Sie von diesen Pflanzen keine eigenen Samen ernten können, und so müssen Sie jedes Jahr neues Saatgut kaufen.

AUSSAAT AUF EINEN BLICK

1. Schalen oder Töpfe mit Aussaaterde befüllen und diese mit einem flachen Brett leicht andrücken.
2. Samen locker und gleichmäßig über die Fläche verteilen; etwas Sand beimischen. Saatgut mit einer dünnen Erdschicht überdecken; mit einem Sieb geht's am einfachsten
3. Gut dosiert und vorsichtig wässern (Brauseaufsatz verwenden); Staunässe vermeiden!
4. Einzelne Arten mit Etikett markieren, um Verwechslungen zu vermeiden. Abdeckung (Klarsichtfolie oder Deckel von Mini-Gewächshaus) aufbringen und an einen gleichmäßig warmen Platz stellen.

Vereinzeln

Sobald erste Keimblätter zu sehen sind, regelmäßig lüften. Zu eng stehende Keimlinge vereinzeln. Dabei die feinen Würzelchen mit den Fingern leicht einkürzen, damit diese besser verzweigen. Bevor die Jungpflanzen ins Freie können, diese durch stetiges Rausstellen „abhärten". ■

PRAKTISCHE HELFER

- Mini-Gewächshäuser helfen Ihnen, ein gleichmäßig feuchtes/warmes Keimsubstrat zu gewähren. Es gibt verschiedenste Modelle, auch für schmale Fensterbänke.
- Anzuchtplatten sind überaus praktisch, denn jedes Pflänzchen kann in einem eigenen „Topf" gedeihen und einen eigenen Wurzelballen ausbilden.

SAATBÄNDER Schneller und einfacher geht Aussaat nicht! Das Know-how für schnurgerade Blumen- oder Gemüsepflanzungen sehen Sie hier oder unter www.m.kosmos.de/14592/tb7

GEFÄSSE UND *Erden*

DIE SCHÖNSTEN BALKONPFLANZEN haben ohne optimales Pflanzensubstrat und ohne passende Gefäße keinen würdigen Rahmen, um sich und die gewünschte attraktive Wirkung zu entfalten.

Gefäße richtig auswählen

Die Auswahl an bepflanzbaren Gefäßen ist grenzenlos und stilübergreifend (siehe S. 8). Ihre Platzierung ist mit Bedacht zu wählen. Für exponierte Plätze sollten Sie gut wetterfeste sowie hitze- und kälteabweisende Gefäße (dunkle Gefäße meiden) wählen, um den Wurzelbereich vor Überhitzung bzw. Erfrierung zu schützen. Auch die Gefäße selbst leiden unter Witterungseinflüssen. Gefäße aus Naturstein und Holz (naturbelassen) eignen sich am besten für exponierte Plätze.
Das Größenverhältnis von Gefäß zu Wurzelballen ist wichtig. Je ausgewogener der Wurzelraum, desto besser können sich die Pflanzen entfalten. Das Gefäß sollte mindestens ein Drittel größer als der Wurzelballen sein.

PASST! Platzsparender, gut an Brüstungen fixierbarer Rehlingtopf.

Zusatzstoffe Mit Sand und Styroporstückchen versetzte Erde ist locker leicht.

Sicherheit (spitze Kanten, leichtes Umkippen), Gewicht (inkl. Pflanzung!) und Dauerhaftigkeit werden oft unterschätzt, sind aber von enormer Bedeutung für die Alltagstauglichkeit und Nachhaltigkeit.

Wasserspeichergefäße

Recht neu am Markt sind Gefäße mit der Fähigkeit, zugeführtes Wasser in einem integrierten Tank zu speichern und über einen gewissen Zeitraum selbstständig und regelmäßig an die Wurzeln abzugeben. Sehr praktisch!
Bei jungen Pflanzen müssen Sie die Wasserversorgung allerdings sensibel beobachten, denn oft werden die zarten Wurzeln (noch) nicht vom Wasser erreicht.
Gute und kostengünstigere Alternativen sind Wasserspeicher-Matten und -Granulate, die entweder unterseits in die Kästen eingelegt oder den Substraten locker beigemischt werden. Geringer Aufwand, große Wirkung!

Wasserspeicher-Matte Ein untergezogenes Vlies ist eine gute und preiswerte Wasserspeichermöglichkeit. Wiederverwendbar!

Innensicht Ein Blick ins Innere eines Wasserspeichergefäßes, der gut die Aufteilung zwischen Erde und Wassertank zeigt.

Substrate und Erden

Für einen guten Start und dauerhafte Vitalität sind passende Erden und Substrate essentiell. Kaufen Sie gute Qualität und sparen Sie hier nicht an der falschen Stelle! Bei Billigangeboten ist die Qualität oft nicht gewährleistet.
Die Erde für die Topfkultur sollte ausreichend dränieren sowie eine gute Wasser- und Nährstoffspeicherkapazität aufweisen. Die meisten Pflanzen fühlen sich in einem Substrat wohl, das zu je einem Drittel aus Lehm, grobem Sand und reifem Kompost besteht.
Für die Aussaat gibt es Substrate mit und ohne Torfanteil. Wenn Ihnen der Torf-Raubbau widersagt, dann greifen Sie auf Erden ohne Torfanteil zurück, sie funktionieren mittlerweile genauso.
Tipp: Echte Komposterde, idealerweise aus eigener Kultur, ist hier die erste Wahl, denn der Kreislauf von Nährstoffen ähnlichen Ursprungs sorgt für optimale Bedingungen. Für die meisten Pflanzen empfiehlt es sich, die Durchlässigkeit durch Kies- und Sandzugaben zu erhöhen. ■

BALKONKÄSTEN *bepflanzen*

DIE AUSGEWÄHLTEN PFLANZEN IN DEN BALKONKASTEN oder auch Topf und Kübel zu pflanzen, ist ein besonderer Moment, der sichtbar Freude macht. Bevor Sie mit dem Bepflanzen starten, sollten Sie Ihre Gartenwerkzeuge überprüfen und alles griffbereit haben. Arbeiten Sie am besten in rückenschonender Haltung und auf ebenen sowie leicht zu säubernden Flächen. Schwerere Gefäße sollten direkt an ihrem späteren Standort bepflanzt werden.

Gefäße wiederverwenden

Falls Sie bereits gebrauchte Gefäße bepflanzen möchten, sind diese gut zu reinigen, um mögliche Krankheitskeime zu minimieren. Einfach mit Wasser und mildem Spülmittel sowie einem robusten Tuch/Schwamm die Oberflächen gründlich säubern. Das betrifft insbesondere die Gefäßinnenseiten.

Verwendete Gefäße können nach guter Reinigung wieder bepflanzt werden.

Balkonkästen anbringen

Erst wenn die Balkonkästen an der richtigen Stelle aufliegen oder hängen, können Sie Ihr Pflanzwerk genießen.
Überlegen Sie sich die Standorte bereits vor dem Gang zum Gartenmarkt, damit Sie auch wissen, was Sie in welcher Größe wofür benötigen.
Durch gute Systemlösungen ist die hängende Befestigung an Brüstungen etc. mittlerweile recht einfach. Wind- und wetterfest sowie passgenau zum Kasten sollte sie immer sein.
Überprüfen Sie die Verankerung hin und wieder, denn Pflegegänge und der Balkon-/Terrassen-Alltag „rütteln" mitunter kräftig an den Kastenaufhängungen.
Hängekörbe nur an ausreichend tragsicheren Decken/Balken/Stahlträgern über robuste Anker oder an Wände mit vorgehangenen Stützwinkeln hängen. Achtung: das Gewicht erhöht sich durch Wassergaben deutlich!
Balkonkästen nie zu eng an Wände und Fenster platzieren, damit stets ausreichend Luft zirkulie-

DIE WICHTIGSTEN GRUNDSCHRITTE

1. Als Dränage und damit keine Erde ausgespült wird, werden die Löcher im Gefäßboden mit Tonscherben, größeren Kieseln etc. befüllt; eine Schicht von 5–7 cm genügt. Bei Bedarf wasserspeichernde Granulate etc. einfüllen oder dem Substrat beimischen.
2. Gefäße etwa zur Hälfte oder bis drei Viertel ihres Volumens locker mit Substrat auffüllen; Pflanzen probeweise grob arrangieren.
3. Den Ballen vorsichtig aus den Transportcontainern lösen und das Wurzelgeflecht mit den Fingern „öffnen". Die größte Pflanze zuerst ins Gefäß setzen, weitere gemäß Arrangement herumgruppieren.
4. Substrat bis etwa 2 cm unter den Gefäßrand einfüllen, so dass ein Gießrand bleibt; eingesetzte Pflanzen leicht andrücken. Sitzt alles gut und nicht zu eng? Dann ausreichend mit einer feinen Brause wässern.

ren kann, bei Hängekörben genügend Freiraum für das Pflanzenwachstum einplanen. Nur dann, können sie ihre volle Wirkung entfalten.

Zwiebel und Knollen

Je nach Blumenzwiebelart gibt es unterschiedliche Pflanztiefen. Als Faustregel gilt: Zwiebeln/Knollen sollten mindestens so hoch mit Erde bedeckt sein, wie sie selbst hoch sind, aber nicht mehr als die doppelte Höhe. Auch der seitliche Abstand variiert, sollte aber 3 cm nicht unterschreiten.

Die jeweils größten Zwiebeln/Knollen entwickeln sich am besten. Die Zwiebeln werden in der Regel im Frühling oder Herbst in die Erde gesteckt (je nach Blütezeit). ■

Blumenampeln
BEPFLANZEN & GESTALTEN

DIE GESTALTUNGSMÖGLICHKEITEN SIND GROSS, wenn wir Blumen in Hängekörbe oder Ampeln setzen. Sie ziehen Blicke auf sich, bringen Struktur und schaffen einen besonderen Liebreiz in luftiger Höhe auf Balkon oder Terrasse.

Ein wichtiger Unterschied

Während es sich bei Blumenampeln in der Regel um „normal" bepflanzte Einzeltöpfe (meist mit überhängend wachsenden Pflanzen bestückt) handelt, versteht man unter *Hanging Baskets* (Balkontrend aus England) zumeist recht große, gut wasserdurchlässige Draht-Gitter-Körbe aus Metall oder Kunststoff, die im Idealfall zu kompakten Blütenkugeln verwachsen. Die Bepflanzung kann daher auch „von unten" erfolgen und ist in jedem Fall mehrschichtig konzipiert. Gleichwohl für welche Bepflanzung Sie sich entscheiden, Blumenampeln sind per se Hingucker.

Vliese halten Wasser und Erde zuverlässig im Korb. Eine Dränageschicht reguliert mögliche Staunässe.

Einige Grundregeln

In die Töpfe und Körbe darf prinzipiell alles, was Sie möchten. Sommerblumen, Gemüse, Obst, Kräuter, Stauden, Farne, Gräser etc.; denken Sie aber bei Kombinationspflanzungen an gleiche Standort- und Nährstoffansprüche. Am schönsten machen sich hängende Pflanzenarten. Berücksichtigen Sie bei der Standortwahl heruntertropfendes Gieß-/Regenwasser. Halten Sie daher den Bereich unter den Körben gut von Mobiliar, Accessoires und dergleichen frei.
Die bepflanzten Körbe sollten nur so schwer sein, dass sie erstens nicht unter dem Eigengewicht (an Wassergaben denken!) zusammenbrechen, sie von der Aufhängung getragen werden und vor allem, Sie diese ohne große Mühen auf- und abhängen können.
Die eingesetzten Pflanzen sollten bereits über ein gut entwickeltes Wurzelwerk verfügen, um rasch

anzuwachsen. Damit alle Pflanzen ihre Nährstoff-/Wasserversorgung sichern können, sollten Sie darauf achten, den Wurzeln jeweils genügend Raum zu geben.
Achten Sie beim Bepflanzen auf ein optisches und physikalisches Gleichgewicht! … und beobachten Sie die Pflanzung noch einige Zeit genauer, damit Sie im Zweifelsfall rasch reagieren können, wenn sie sich nicht wie gewünscht entwickelt.

BLUMENAMPELN BEPFLANZEN – SO GEHT'S!

Moderne Ampeln zu bepflanzen, macht Spaß. Es geht locker und rasch von der Hand und ist, wenn Sie die wichtigsten Schritte einhalten, völlig unkompliziert.

1. **Vorbereitung:** Den Korb gut mit Moos, Blattwerk, Folie oder auch mit einem Vlies auskleiden, um möglichst viel Wasser zu halten. Etwa bis zur Hälfte locker mit Erde befüllen und etwas Langzeitdünger beigeben.
2. **Pflanzen einsetzen:** Die jeweils größte Pflanze kommt übergeordnet (etwas höher) in die Mitte, alle weiteren werden ihrem Wuchs entsprechend herumplatziert: stark überhängend wachsende an die Ränder, buschige (untergeordnet) zwischen Hauptart und Hänger.
3. **Pflanzen fixieren & Erde nachfüllen:** Genügend Erde nachfüllen, so dass alle Wurzeln bedeckt sind. Pflanzen leicht andrücken und den Korb bis knapp unter den Rand mit Erde füllen.
4. **Wässern & aufhängen:** Den Korb gut wässern. Einige Minuten abtropfen lassen, erst danach aufhängen! Lassen Sie sich helfen, um unnötige Unfälle zu vermeiden.
   Kontrollieren Sie eine Zeit lang die Wasserhaltung, möglicherweise müssen Sie etwas Substrat nachfüllen.

1

2

3

4

GIESSEN UND *düngen*

DAS WASSER- UND NÄHRSTOFFANGEBOT ist in Kästen, Töpfen und Kübeln stark begrenzt. Daher müssen Sie stetig und möglichst gleichmäßig für Nachschub sorgen, um insbesondere im Sommer Ihre Blütenpracht genießen zu können.

Maßvoll gießen

An heißen Sommertagen kann man dem Gießwasser auf Südbalkonen regelrecht hinterherschauen, ein Gießgang am Tag ist dann definitiv zu wenig. Aber Achtung: übermäßige Nässe fördert Fäulnis und mindert die Stresstoleranz. Prüfen Sie daher vor dem Gießen mit dem Finger stets die Bodenfeuchte. Das Substrat sollte weder rissig-porös, noch klebrig-feucht (gesättigt) sein. Fühlt es sich einige Zentimeter im Kasteninneren immer noch trocken an, dann können Sie mit ruhigem Gewissen frühmorgens oder in den Abendstunden gießen.

Das sollte in mehreren Zügen geschehen, denn so können Sie schon während des Gießens prüfen, ob die Erde noch aufnahmefähig ist.

Um Verbrennungen, unnötiger Wasserverdunstung oder Krankheitsbefall durch Blattfeuchtigkeit vorzubeugen, ist es ratsam, direkt auf die

Dank Wassertank und regulierter Wassergaben ist dieser Kasten „urlaubsreif".

Dekorativ Glaskugeln sind zierende Accessoires und geben Wasser ab.

Erdoberfläche zu gießen. Zudem werden keine Nährstoffe weggeschwemmt.
Es gibt viele praktische Helfer, um die Wasserspeicherung zu verbessern, etwa Wasserspeicher-Granulat/-Gel oder Wasserspeicher aus Ton („Tonkegel“) und Glas – eine gute Ergänzung zu Wasserspeichergefäßen (siehe S. 37).
Sie empfehlen sich für Blumenampeln sowie während der Urlaubszeit. Übrigens: Wasser aus der Regentonne ist immer noch das beste Gießwasser!

Bewässerungssysteme

Automatische Bewässerung macht dann Sinn, wenn Sie besonders viele wasserdurstige Pflanzen auf überschaubarer Fläche haben, öfter länger verreisen oder Sie aus Zeitgründen schlicht nicht zum Gießen kommen.
Vorteilhaft sind computergestützte, leicht erweiterbare Systeme, die pflanzengenaue (!) Wassergaben ermöglichen. Einige lassen sich sogar mit Smartphones und Tablets steuern!
Konstruktiv bestehen sie aus perforierten Schläuchen, einer Pumpe und Steuereinheit, die Wasser tröpfchenweise und individuell regelbar abgeben. Nachteil: Sichtbarkeit der Schläuche.

Sinnvoll düngen

Dosierte Düngegaben erhöhen die Vitalität und Blühfreudigkeit von Balkonpflanzen, da die über das Substrat verfügbaren Nährstoffe meist rasch aufgebraucht sind.
Wichtig sind Regelmäßigkeit und passende Dünger. Das im Fachhandel erhältliche Angebot erscheint riesig, richtet sich nach den verschiedenen Bedürfnissen der Sommerblumen, Stauden, Gehölze etc. und unterteilt sich in mineralische

Langzeitversorgung In Kegelform gepresste Düngekügelchen düngen für bis zu sechs Monate.

und organische Dünger sowie in Kombinationen aus beiden, jeweils mit verschiedenen Nährstoffprioritäten und Wirkaspekten.
Es gibt Trocken- oder Flüssigdünger; trockene lösen sich allmählich auf, haben also eine Langzeitwirkung und keinen „Turboeffekt“ wie flüssige. Blattdünger können (in Notfällen) direkt auf Blätter mit Mangelerscheinungen gegeben werden.
Ob, wann und in welchen Zyklen Düngegaben förderlich sind, richtet sich immer nach den spezifischen Pflanzenansprüchen und der verwendeten Erde. Hinweise finden Sie entsprechend bei den Pflanzenbeschreibungen ab Seite 52 unter der Rubrik Pflege. Wichtig: übermäßiges Düngen schadet der Pflanzengesundheit nachhaltig! ■

Pflegen IST NICHT SCHWER

MIT EIN PAAR PRAKTISCHEN HANDGRIFFEN haben Sie deutlich längere Freude an Ihren Pflanzen. Übung macht natürlich auch hier den Meister, aber sie lohnt sich! Wenn nach erfolgreicher Überwinterung das erste Grün sprießt oder nach einem kräftigem Rückschnitt die geliebten Pflanzen wieder schön in Form wachsen, lacht jedes Gärtnerherz. Garantiert!

Ausputzen

Sie werden staunen, wie viel mehr und länger Ihre Pflanzenlieblinge blühen, wenn Sie über die Blütezeit fortwährend Verblühtes entfernen. Die Pflanzenenergie geht dann vornehmlich in die Bildung neuer Blüten(-Triebe) und die Pflanzen verzweigen sich kräftiger.

Für eine längere Blütezeit Verblühtes regelmäßiges Ausbrechen.

Nach oben Rankende Pflanzen brauchen Halt und kommen dann noch besser zur Entfaltung.

Winterschutz mit Fichten- oder Tannenzweigen im Freien für weniger frostempfindliche Pflanzen.

Zwiebeln einwintern In Kästen setzen, mit Sand bedecken, kühl und trocken lagern.

Ausputzen ist wichtig! Entfernen Sie bereits im zeitigen Frühjahr schwache und kranke Triebe sowie über den Winter Erfrorenes, so mindern Sie deutlich die Anfälligkeit gegenüber Krankheiten/Schädlingsbefall und erhöhen gleichzeitig die Blühfreudigkeit. Über das Jahr putzen Sie einfach nach Bedarf aus.

Pflanzen stützen

Einst zierliche Jungpflanzen wachsen oft zu stattlicher Größe. Nun benötigen sie zum besseren Gedeihen eine Stütze, damit sie nicht abknicken oder auseinanderfallen. Dazu zählen Dahlien, Rittersporn, Hortensien, aufragende Gemüsesorten und kletternde Arten.
Die Stützen können aus verschiedenen Materialien sein, müssen aber den Pflanzenproportionen entsprechen. Günstig sind schlanke Rahmenkonstruktionen (dünne Bambusrohre, Kunststoffstangen), die die Pflanzen von allen Seiten „umfassen" und bis etwa zwei Drittel der Wuchshöhe reichen. Für rankende Pflanzen sind Netze hilfreich.

Überwinterung

Wenn Sie winterharte Pflanzen auf Balkon und Terrasse haben, sollten die Töpfe und Kübel nie komplett zufrieren. Frostsprengungen und vertrocknete Pflanzen sind dann – für Material und Pflanzen – rasch unangenehme Folgen.

Vergessen Sie über die frostigen Wintermonate gelegentliches Gießen (siehe S. 42/43) nicht und schützen Sie sensible Pflanzen durch wärmende Mulchschichten, Vliese oder eine Ummantelung der Töpfe mit Reisig oder Jutesäcken. Kokosmatten halten bodennahe Feuchte und Kälte ab. Laubabwerfende Gehölze, Zwiebelblumen, Gräser und Stauden bringen Sie am besten vor dem ersten Frost samt Gefäß in frostfreie, nicht zu feuchte Schuppen oder Garagen. Stark frostempfindliche und exotische Pflanzen benötigen zuverlässig frostfreie und helle Winterquartiere. Unbedingt beachten: über die Wintermonate (Wuchspause!) nicht düngen.
Viele Gärtnereien bieten einen „Überwinterungsservice" an. Praktisch, wenn man selbst keine ausreichenden Räumlichkeiten besitzt.

Alltag & Urlaub

Damit die Pflege leichter von der Hand geht, sollten Sie alle Utensilien und Werkzeuge rasch zur Hand haben. Diese sollten in gutem Zustand sein. Nach der Arbeit also immer gut von Pflanzenresten befreien und trocken aufbewahren. Schnittwerkzeuge ggf. nachschärfen.
Für die Urlaubszeit müssen Sie natürlich die Wasserversorgung sichern. Ob das durch Freunde, Nachbarn oder automatische Bewässerungssysteme geschieht, obliegt Ihnen, sollte aber zeitlich und vom Umfang gut abgestimmt sein. ■

Gesunde BALKONPFLANZEN

VORBEUGEN IST DIE BESTE ABWEHRSTRATEGIE. Auch wenn Sie Ihre Balkonpflanzen stets liebevoll pflegen und für beste Bedingungen sorgen, müssen Sie irgendwann mit Krankheiten und Schädlingsbefall rechnen, aber keine Panik!

Sinnvoll vorbeugen

Gegenüber Krankheiten und Schädlingen sind Sie immer einen Schritt voraus, wenn Sie Verblühtes, Abgestorbenes etc. regelmäßig und konsequent entfernen und einiges von vornherein vermeiden: Staunässe, Austrocknung von Substraten, zu eng gepflanzte Pflanzen, zu eng stehende Gefäße, sich stark aufheizende sowie zugige Plätze. Ist eine Pflanze befallen, gehört sie von den restlichen Pflanzen gut isoliert. Wenn Rettungsversuche nicht wirken, rasch entsorgen.
Bedenken Sie auch, dass einige Pflanzen generell mehr Pflegeaufwand und Zeit benötigen, um eine hohe Stresstoleranz aufzubauen.
Wählen Sie daher pflegeleichte, unkomplizierte Pflanzen, wenn Ihre Zeit zum Gärtnern knapp bemessen ist.

Mehltau Diese Dahlie leidet sichtbar. Der Belag ist leicht abwischbar.

Grauschimmel Reinigung mit Seifenlauge und ein luftigerer Standort helfen.

Blattläuse Meist hilft ein vorsichtiges Abbrausen mit lauwarmem Wasser oder Abbürsten.

Weiße Fliege Werden Balkonpflanzen, wie diese Fuchsie, befallen, stehen sie meist zu eng, warm und windstill.

Typische Krankheiten

Echter Mehltau Weißer, mehliger Belag auf den Blattoberseiten; oberflächlich leicht abwischbar; häufig bei Temperaturextremen
Abhilfe: befallene Pflanzenteile konsequent entfernen und entsorgen (nicht auf den Kompost!); Töpfe und Standflächen gut säubern
Grauschimmel Faulstellen mit gräulichem Pilzrasen an Blüten, Knospen und Stängeln; durch Wind, Regen und niedrige Temperaturen begünstigt
Abhilfe: durch luftig-weiten Stand der Töpfe und Kübel sowie überlegtes Gießen vorbeugen; bei Befall mit Seifenlauge abwischen
Fäulnis Welke Blätter, schwache Stängel etc. aufgrund zu hoher Erd- und Luftfeuchte. Die Pflanzen sind nur schwer zu retten.
Abhilfe: Umtopfen, Standort-/Substratwechsel

Häufige Schädlinge

Blattläuse Noch vor Sichtbarkeit der Läuse sind Triebe und Blättchen auffällig gekräuselt und klebrig.
Abhilfe: befallene Pflanzen vorsichtig mit lauwarmem Wasser abduschen oder Läuse mit einer Handbürste entfernen.

Schildläuse Schädlinge und deren Eier sitzen in kleinen Erhebungen auf den Blattunterseiten.
Abhilfe: befallene Pflanzenteile mit Seifenlauge abbürsten und die Pflanze lauwarm abduschen; starker Befall ist nur durch Entfernung der Blätter/Triebe einzudämmen
Spinnmilben Stark aufgehellte, gesprenkelte Blätter; Spinnmilben sind winzig und nur mit der Lupe erkennbar, bei starkem Befall werden regelrechte „Netze" sichtbar
Abhilfe: befallene Pflanzenteile lauwarm abduschen und ggf. entfernen; Luftfeuchtigkeit erhöhen, z. B. Einsprühen der gesamten Pflanze mit einem Wasserzerstäuber
Weiße Fliege Bei Pflanzenberührung steigen zahlreiche weiße, 2–3 mm große Insekten auf; fleckige, rasch abfallende Blätter
Abhilfe: Das A und O ist die Änderung der Standortverhältnisse von warm und windstill zu kühl und luftig; auch Gelbtafeln helfen
Wollläuse Weißwollige Erhebungen an Blättern und Stängeln, bevorzugt in den Blattachseln.
Abhilfe: siehe Schildläuse
Trauermücke Kleine, schwarze Fliegen auf der Erde; gefährlich sind die Larven, sie fressen die Wurzeln!
Abhilfe: Wurzelballen gut trocken halten; Pflanze luftiger platzieren; „Gelbtafeln' aufstellen ■

Von Frühling bis Winter

PORTRÄTS

GANZJÄHRIG BLÜTENSTARS

S. 52

Farbstarke Frühlingsboten

Pünktlich mit den ersten warmen Sonnenstrahlen frohlocken Krokus, Narzisse und Co. mit farbenfrohen Blüten. Die Zwiebelpflanzen sind pflegeleicht und in großer Sortenvielfalt erhältlich – einfach unersetzlich für jeden Balkonkasten!

S. 56

Gut ergänzt

Mit Oliven- und Zitrusbäumchen, Schmucklilien und Blumenrohr lässt sich eine sommerliche, mediterrane Atmosphäre erzeugen, die unser Balkonkastenflair wunderbar ergänzt.

S. 58

Sonnenhungrige Alleskönner

Ob straff aufrecht, buschig kompakt oder adrett überhängend: Sommerblumen sind in jeder Wuchsform attraktiv, allein ihr Blütenreichtum ist umwerfend. Voraussetzung: ein sonnig-warmer, geschützter Standort und eine gute Wasser-/Nährstoffversorgung.

S. 70

Beeren

SIND STARKE HINGUCKER IM HERBST UND WINTER!

S. 72

Herbst-Winter-Schönheiten

Lassen Sie Ihre Balkonkästen auch im Herbst und Winter erblühen! Mit einer Auswahl an pflegeleichten, robusten und markanten Pflanzen können Sie Ihre Balkon-Garten-Saison nach Lust und Laune verlängern.

FARBENFROHE *Frühjahrsboten*

Tausendschön

Bellis perennis

Blüten März bis Juni; meist gefüllt, auch pompon- oder knopfartig; weiß, rosa, rot, teils mit gelber Mitte
Wuchs 10–20 cm hoch; kompakte Blattrosette mit unbeblätterten Blütenstielen
Standort Sonnig bis halbschattig
Pflanzung Im Frühjahr oder Herbst (mit Winterschutz), 10–15 cm Abstand
Pflege Mäßig feucht halten; alle 2 Wochen düngen; verwelkte Blüten entfernen
Gestaltung Passt zu Frühjahrszwiebelblumen sowie Vergissmeinnicht

Krokus

Crocus-Arten und -Hybriden

Blüten Februar bis April, je nach Art und Sorte becher- oder kelchförmig; gelb, weiß, rosa, purpur, violett, blau, auch mehrfarbig
Wuchs 5–15 cm hoch; kurze Blütenstiele über grasartigen Blättern
Standort Sonnig, auch leicht beschattet
Pflanzung Jungpflanzen im zeitigen Frühjahr, 5–10 cm Abstand; oder die Zwiebelknollen im Herbst 5–8 cm tief stecken
Pflege Zurückhaltend gießen; nach Blühbeginn einmal düngen
Gestaltung Attraktiv in gemischten Farben

Sie sind die ersten blütenstarken Blickfänger des Jahres und machen jeden Balkonkasten zu einem farbenfrohen Hingucker. In kompakten Gruppen wirken Ihre Lieblings-Frühlingsboten noch attraktiver.

Goldlack

Erysimum cheiri

Blüten April bis Juni; in Trauben, einfach oder gefüllt; gelb, orange, rot, braun-rot, violett, weiß; honigartig duftend
Wuchs 25–40 cm hoch; aufrecht, buschig
Standort Sonnig bis halbschattig
Pflanzung Im Frühjahr oder Herbst (mit Winterschutz), 15–20 cm Abstand
Pflege Leicht feucht halten; alle 2 Wochen düngen; Verblühtes regelmäßig entfernen
Gestaltung Mit weißen, violetten oder roten Tulpen und Vergissmeinnicht
Vorsicht In allen Teilen sehr giftig!

Vergissmeinnicht

Myosotis sylvatica

Blüten April bis Juni; zahlreiche kleine Blüten in dichten Büscheln; in vielen Blautönen, rosa oder weiß
Wuchs 15–25 cm hoch; buschig, kompakt
Standort Sonnig bis halbschattig
Pflanzung Im Frühjahr oder Herbst (mit Winterschutz), 10–20 cm Abstand
Pflege An warmen Tagen reichlich gießen, aber nicht vernässen; keine Düngung nötig
Gestaltung Idealer Begleiter für Zwiebelblumen und andere Frühjahrsblüher, lockert jede Pflanzkombination auf

Narzisse

Narcissus-Arten und -Hybriden

Blüten März bis Mai; trompeten- oder sternförmig; gelb, orange, weiß, auch zweifarbig; teils duftend
Wuchs 15–40 cm hoch; aufrecht, riemenförmige Blätter, mit einem oder mehreren unbeblätterten Blütenstielen
Standort Sonnig bis halbschattig
Pflanzung Jungpflanzen im Frühjahr, 10–20 cm Abstand; oder die Zwiebeln im Herbst 8–15 cm tief stecken
Pflege Leicht feucht halten, nach Blühbeginn einmal düngen
Gestaltung Achten Sie bei der Kombination mit anderen Frühblühern auf die unterschiedlichen Blütezeiten der Narzissensorten.
Vorsicht Alle Pflanzenteile, besonders die Zwiebeln, enthalten Giftstoffe!

Kissen-Primel

Primula vulgaris

Blüten Februar bis Mai, je nach Sorte und Anzucht in der Gärtnerei. Tellerförmig, mit 2–5 cm Ø, in allen Farben, auch mehrfarbig, mit gelber oder orangefarbener Mitte
Wuchs 5–15 cm hoch; kissenartige Blattrosette, Blüten an sehr kurzen Stielen
Standort Sonnig bis halbschattig
Pflanzung Im Frühjahr, 15–20 cm Abstand
Pflege Gleichmäßig leicht feucht halten; Düngung nicht nötig
Gestaltung Vielfarbige Mischungen kommen in großen Schalen besonders schön zur Geltung. Passen gut zu Frühlingszwiebelblumen, Vergissmeinnicht sowie Stiefmütterchen mit kontrastierenden Blütenfarben.
Vorsicht Können allergische Hautreaktionen hervorrufen

Tulpe

Tulipa-Arten und -Hybriden

Blüten März bis Mai, je nach Art und Sorte. Kelch- bis glockenförmig; in allen Farben außer Blau, auch mehrfarbig; teils duftend
Wuchs 10–40 cm hoch; aufrecht mit lanzettlich zugespitzten Blättern, eintriebig
Standort Sonnig bis halbschattig
Pflanzung Jungpflanzen im Frühjahr, 10–20 cm Abstand; oder die Zwiebeln im Herbst 8–15 cm tief stecken
Pflege Nur leicht feucht halten; nach Blühbeginn einmal düngen; verblühte Stiele bis zur Hälfte abschneiden; Wildtulpen brauchen weder Düngung noch Rückschnitt
Gestaltung Wirken am besten in kleinen Gruppen von 3 bis 5 Pflanzen. Begleiter sind Narzissen, Tausendschön und Vergissmeinnicht.
Vorsicht Der Pflanzensaft kann allergische Hautreaktionen hervorrufen!

Stiefmütterchen

Viola x wittrockiana

Blüten März bis Juni oder September bis November, je nach Anzucht- und Pflanztermin; klein- oder großblumig, bis zu 6 cm Ø; in allen Farben, oft mehrfarbig und mit dunklen Innenflecken und Mustern
Wuchs 15–25 cm hoch; kompakt buschig
Standort Sonnig bis halbschattig
Pflanzung Im Frühjahr oder im August/September, 10–15 cm Abstand
Pflege Gleichmäßig leicht feucht halten; alle 2 bis 3 Wochen düngen; Verblühtes regelmäßig entfernen
Gestaltung Mit ihrer großen Farbauswahl und der lang anhaltenden Blüte hervorragend mit den meisten Zwiebelblumen und anderen Frühblühern kombinierbar. Als Herbstblüher gut mit Kissen-Astern und Besenheide.

KÜBELPFLANZEN UND *Topfgehölze*

MIT ATTRAKTIVEN KÜBELPFLANZEN und Topfgehölzen lassen sich Blumenarrangements in den Kästen wunderbar ergänzen. An zusagenden Standorten sorgen sie dauerhaft für markante Blick- und Bezugspunkte – oft mit einem Hauch Exotik.

Blickfänger Schmucklilie und Zitrusbäumchen sind mediterrane Highlights im Kübel.

Einzeln oder in Kombination?

Ihre Kübelpflanzen können Sie als Solitär, also in prominenter Einzelstellung, oder in Kombination mit anderen Pflanzen, wie ein kleiner Topf- oder Kübelgarten, arrangieren.
Schön kann hierbei eine ergänzende Unterpflanzung bei Pflanzenarten sein, die als Hochstämmchen gezogen wurden. Das Indische Blumenrohr gibt es beispielsweise in vielen Blatt- und Blütenformem. Es wirkt in Einzelstellung sowie in Kombination. Auch mit Unterbepflanzung macht es eine tolle Figur.
Eine konkurrenzarme sowie an den Standort und die Wuchsansprüche angepasste Unterpflanzung (bis zu einem Drittel der Wuchshöhe) der überragenden Pflanze bietet eine höhengestaffelte Pflanzkombination, die bestenfalls mehrere Jahreszeiten abdeckt. Idealfall: Einheit von Topf, Unter- und Solitärpflanzung.
Attraktive Unterpflanzungen sind beispielsweise: Skimmie *(Skimmia)*, Purpurglöckchen (*Heuchera* in Sorten), Schnee-Heide, Balkan-Windröschen *(Anemone blanda)*, *Phlox*, Zier-Erdbeere (*Fragaria* x *ananassa* in Sorten), Thymian; Frühlingsblüher, Sukkulenten, Moose und hängende Einjährige.

Exotisch Gelbes und rotes Blumenrohr mit Madagaskar-Immergrün *(Catharanthus roseus)* als Unterpflanzung.

Sommer-Kombi Feigenbäumchen *(Ficus carica)* attraktiv unterpflanzt mit Lavendel und hängender Pelargonie.

Auch auf den Kübel kommt's an

Das Zusammenspiel von Kübel und Bepflanzung ist wesentlich für eine rundum ansprechende Wirkung von Terrassen und Balkonen. Erst recht, wenn darauf stattliche Hingucker für dominante Blick- und Bezugspunkte sorgen.
Die jeweiligen Pflanzgefäße sollten in Optik und Kubatur den Pflanzen entsprechen, idealerweise Form und Farbigkeit aufnehmen sowie die Raumwirkung unterstützen.
Darüber hinaus ist die Platzierung entscheidend: Große Solitäre platzieren Sie am besten an Fluchtpunkten und Konturen von Terrassen, Pergolen etc.; kleine Kübelgärten an besonders markanten Bereichen! So schaffen Sie eine wirkungsvolle Unterteilung Ihres Balkonraumes. Beachten Sie bei allen Pflanzgefäßen, dass diese stets ausreichend standfest sind, denn die Windanfälligkeit hochwachsender Pflanzen ist enorm und Sie sollten sie nicht unterschätzen. Im Zweifel fixieren Sie die Töpfe und Kübel auf ihrem jeweiligen Untergrund gut.

Investieren Sie in hochwertige Gefäße! Schließlich verbleiben die Balkonpflanzen darin nicht nur eine Saison sondern werden meist zu beliebten Dauergästen.

SOMMER-KÜBELPFLANZEN IN XL

Stauden/Knollen-Zwiebelpflanzen: Blumenrohr (*Canna* 'Assaut'), Schopflilie *(Eucomis bicolor)*, Schmucklilie *(Agapanthus umbellatus)*, Riesen-Zierlauch *(Allium giganteum)*, Strauch-Salbei *(Salvia elegans)*, Zier-Tabak *(Nicotiana sylvestris)*
Gräser: Alang-Alang-Gras (*Imperata cylindrica* 'Rubra'), Zitronengras *(Cymbopogon citratus)*, Chinaschilf *(Miscanthus sinensis)*, Mexikanisches Federgras *(Stipa tenuissima)*, schwachwüchsige Bambus-Arten

IT'S SHOWTIME! MARKANTE TOPFGEHÖLZE

Obstgehölze: Feige *(Figus carica)*, Apfel (*Malus* in Sorten), Zitronenbäumchen *(Citrus)*
Immergrüne: Lorbeerbäumchen *(Laurus nobilis)*, Berg-Kiefer *(Pinus mugo)*, Buchsbaum *(Buxus sempervirens)*
Besondere Hingucker: Olivenbaum *(Olea europaea)*, Vielblütiger Apfel *(Malus floribunda)*, Japanischer Fächer-Ahorn *(Acer palmatum)*, Rosen-Hochstamm (*Rosa* in Sorten)

ATTRAKTIVE Sommerblumen

Löwenmäulchen

Antirrhinum majus

Blüten Juni bis Oktober; gelb, rot, orange, rosa, violett, weiß, auch zweifarbig
Wuchs Bevorzugen Sie polsterartig oder hängend wachsende Sorten mit 15–30 cm Höhe. Für Kübel eignen sich auch größere Sorten.
Standort Sonnig, auch halbschattig
Pflanzung Ab Ende April/Anfang Mai, 15–20 cm Abstand
Pflege Mäßig feucht halten, alle 2 Wochen schwach dosiert düngen
Gestaltung Vielseitig kombinierbar; Hängesorten auch für Ampeln

Knollen-Begonie

Begonia x tuberhybrida

Blüten Mai bis Oktober; klein- bis großblumig, meist gefüllt; gelb, orange, rot, rosa, weiß
Wuchs 20–40 cm hoch; breit aufrecht oder hängend (Hänge- oder Girlanden-Begonien)
Standort Bevorzugt halbschattig, auch sonnig oder im stärkeren Schatten; windgeschützt
Pflanzung Ab Mitte Mai, 20–25 cm Abstand
Pflege Gut feucht halten, aber Staunässe vermeiden; alle 2 Wochen düngen; Verblühtes regelmäßig entfernen
Gestaltung Hübsche Partner sind z. B. Fleißiges Lieschen, Männertreu und Löwenmäulchen

Sommerblumen sind aufgrund ihrer Präsenz unverzichtbare Akzentgeber und werden Dank ihrer prachtvollen Blütenfülle gern von Bienen und Hummeln besucht; ein blütenstarker Beitrag auch für den Artenschutz!

Zweizahn

Bidens ferulifolia

Blüten Mai bis Oktober; sternförmig, etwa 3 cm Ø; goldgelb
Wuchs 15–30 cm hoch; breit überhängend, mit bis zu 100 cm langen Trieben; starkwüchsig
Standort Sonnig, gern auch vollsonnig; wind- und wetterfest
Pflanzung Ab Mitte Mai, 25–30 cm Abstand
Pflege Häufig und kräftig gießen, aber Staunässe vermeiden; wöchentlich düngen
Gestaltung Attraktiv mit blauen, violetten oder roten Hänge-Petunien und -Verbenen. Überwuchert schwachwüchsige Nachbarn!

Ringelblume

Calendula officinalis

Blüten Juni bis Oktober; einfach oder gefüllt, bis 6 cm Ø; gelb, orange, apricot, cremefarben
Wuchs Buschig, aufrecht. Wählen Sie bevorzugt kompakte, 15–30 cm hohe Sorten, z. B. 'Bon Bon', 'Daisy' oder 'Fiesta'.
Standort Sonnig bis halbschattig; recht wind- und wetterfest
Pflanzung Ab Mitte April, 15–20 cm Abstand
Pflege Mäßig feucht halten; alle 2 Wochen düngen; Verblühtes regelmäßig entfernen
Gestaltung Passt gut zu blauen, violetten, weißen Blüten, wie Vanilleblume und Kapaster

Zauberglöckchen

Calibrachoa-Hybriden

Blüten Mai bis Oktober; klein, trichterförmig, sehr zahlreich. Rot, blau, violett, gelb, orange, apricot, weiß; oft in Farbmischungen angeboten
Wuchs 20–30 cm hoch; hängend, rundlich ausladend, recht starkwüchsig
Standort Sonnig, auch leicht beschattet; moderne Sorten sind meist regen- und windfest
Pflanzung Ab Mitte Mai, 25–30 cm Abstand. In Petunienerde pflanzen; hoher Kalkgehalt verursacht gelbe Blätter
Pflege Feucht, aber nicht nass halten, mit kalkarmem (Regen-)Wasser gießen. Alle 1 bis 2 Wochen düngen, vorzugsweise mit Petuniendünger.
Gestaltung Attraktiv in Kästen oder Ampeln, z. B. mit Hänge-Verbenen, Zweizahn, Hänge-Petunien oder Schneeflockenblume

Kapaster

Felicia amelloides

Blüten Mai bis Oktober; margeritenähnlich, 3–4 cm Ø, zahlreich; himmel- bis lavendelblau mit gelber Mitte
Wuchs 20–50 cm hoch; aufrecht, dicht buschig
Pflanzung Ab Mitte Mai, 20–30 cm Abstand
Standort Sonnig, gern auch vollsonnig; windverträglich. In kühl-feuchten Sommern blüht die Kapaster leider recht spärlich.
Pflege Gleichmäßig leicht feucht halten; alle 2 Wochen düngen; verblühte Mittel- und Seitentriebe regelmäßig entspitzen. Kann hell bei 8–12 °C überwintert werden.
Gestaltung Pflanzpartner, z. B. für Pelargonien, Petunien, Studentenblumen, Ringelblumen, Löwenmäulchen. Ebenfalls charmante Begleiter sind Husarenknöpfchen und Duftsteinrich.

Fuchsie

Fuchsia-Hybriden

Blüten Mai bis Oktober; trichterartige Glöckchen, in Trauben oder Rispen; rot, rosa, weiß oder blauviolett, oft zweifarbig
Wuchs Balkonfuchsien werden etwa 20–40 cm hoch, je nach Sorte buschig aufrecht, halb hängend oder hängend.
Standort Bevorzugt halbschattig oder hell, aber nicht direkt besonnt; auch im etwas stärkeren Schatten; windgeschützt
Pflanzung Ab Mitte Mai, 20–25 cm Abstand
Pflege Gleichmäßig feucht, aber nicht nass halten; bei sonnigem Stand häufig gießen; bis Mitte August wöchentlich düngen; Verblühtes regelmäßig entfernen. Kann hell oder dunkel bei 6–8 °C überwintert werden.
Gestaltung Passt gut zu Fleißigen Lieschen, Knollen-Begonien und Funkien *(Hosta)*

Vanilleblume

Heliotropium arborescens

Blüten Mai bis September; große Blütendolden; dunkelblau bis violett; angenehmer Duft, der gegen Abend besonders intensiv wird
Wuchs 30–50 cm hoch; aufrecht, buschig. Kann zusammen mit Hochstämmchen auch als mehrjährige Kübelpflanze gezogen werden.
Standort Sonnig; am besten etwas wind- und regengeschützt
Pflanzung Ab Mitte Mai, 20–30 cm Abstand
Pflege Gleichmäßig leicht feucht halten; wöchentlich düngen; Verblühtes entfernen. Lassen sich hell bei 12–15 °C überwintern.
Gestaltung Das tiefe Blau passt wunderschön zu gelben, orangen, roten oder weißen Partnern, z. B. Pelargonien, Studentenblumen und Duftsteinrich.

Fleißiges Lieschen

Impatiens-Hybriden

Blüten Mai bis September; weiß, orange, rosa, rot, violett, zweifarbig, ungefüllt und gefüllt
Wuchs Aufrecht buschig bis leicht überhängend, 20–70 cm hoch
Standort Sonnig bis halbschattig (stark sortenabhängig); durchlässige, lockere, humose, sandig-lehmige Erden, mittlerer Nährstoffgehalt
Pflanzung Ab Ende Mai, 25–35 cm Abstand
Pflege Pflegeleicht; regelmäßig gießen, Staunässe und Ballentrockenheit meiden; Verblühtes stetig ausputzen
Gestaltung Dankbarer Dauerblüher in großer Sortenvielfalt, der fast alle Gestaltungswünsche erfüllt; sehr attraktiv sind verschiedenfarbige Sorten; gute Nachbarn sind Lobelien, Vanilleblumen, Fuchsien und Edellieschen

Männertreu

Lobelia erinus

Blüten Mai bis Oktober; intensive Blautöne
Wuchs Buschig bis überhängend, dauerhaft niedrig bleibend, gut verzweigt, 15–25 cm hoch
Standort Sonnig bis lichtschattig; durchlässige, humose, sandig-lehmige Erden, mittlerer Nährstoffgehalt
Pflanzung Ab Mitte Mai, 15–20 cm Abstand
Pflege Pflegeleicht; stets gut gießen, Staunässe und Ballentrockenheit aber meiden; während der Blüte etwa alle 14 Tage mit Normaldünger versorgen; nach der Blüte konsequent zurückschneiden
Gestaltung Reich blühender „Lückenfüller“, der ideal zu Klassikern (Geranien, Petunien, Tagetes) passt; auch als Unterpflanzung empfehlenswert!

Duftsteinrich

Lobularia maritima

Blüten Mai bis August; weiß, rosa, violett; ballartig, zahlreich, angenehm duftend
Wuchs Kompakt buschig bis polsterartig, schön überhängend, 10–30 cm hoch
Standort Sonnig bis lichtschattig; durchlässige, gut humose Normalerden
Pflanzung Ab Mitte Mai, 15–20 cm Abstand
Pflege Pflegeleicht; nur ganz sparsam düngen, nicht übermäßig gießen, Staunässe und Ballentrockenheit aber meiden; nach der Hauptblüte gut durchputzen, um vitales Wachstum und weitere Blütenbildung zu fördern
Gestaltung Überreich blühender Bodendecker, zieht auch in Einzelstellung Blicke auf sich; passt gut zu Sommerastern und Vanilleblumen; Unterpflanzung von Hochstammgehölzen

Mecardonia

Mecardonia-Hybriden

Blüten Mai bis September; gelb bis orange; klein, aber sehr zahlreich!
Wuchs Aufrecht breit-buschig bis hängend, 10–30 cm hoch; kissenartig, gut verzweigt; die mehrfach prämierte Sorte 'Gold Dust' ist ein absoluter Hingucker
Standort Vollsonnig bis lichtschattig; gut durchlässige, leicht kiesige, humose Erden; mittlerer Nährstoffgehalt
Pflanzung Ab Anfang Mai, 20–25 cm Abstand
Pflege Pflegeleicht; regelmäßig gießen, Staunässe und Ballentrockenheit meiden; während der Blüte stetig düngen
Gestaltung Ideal zur Unterpflanzung und für farbenfrohe Ampeln oder auch für einfarbige Schalen und Kästen

Elfenspiegel

Nemesia-Hybriden

Blüten Mai bis Oktober; weiß, gelb, rosa, violett, orange, rot; auch zweifarbig
Wuchs Aufrecht buschig bis hängend, 30–50 cm hoch; große Sortenvielfalt
Standort Sonnig bis halbschattig; durchlässige, gut humose, leicht saure Erden; mittlerer Nährstoffgehalt; geschützt
Pflanzung Ab Mitte Mai, 20 cm Abstand, 2 bis 3 Pflanzen pro Topf
Pflege Pflegeleicht; regelmäßig gießen, Staunässe und Ballentrockenheit meiden; Entspitzen der Haupttriebe fördert buschigen Wuchs (bessere Blütenbildung!); Verblühtes stetig ausputzen; bei Beginn der Samenbildung fördert kräftiger Rückschnitt einen zweiten Blütenflor
Gestaltung Ideal zur Unterpflanzung und für farbenfrohe Ampeln; sehr schön zu Phlox, Männertreu und Ranunkeln

Kapkörbchen

Osteospermum-Hybriden

Blüten Mai bis September; weiß, gelb, rosa, violett, orange, rot; margeritenähnlich
Wuchs Aufrecht bis breit-buschig, 30–60 cm hoch; sehr attraktiv sind die Sorten 'Double Purple', 'Hawaii', 'Asti'
Standort Sonnig; durchlässige, lehmig-sandige, kiesige, humose Erden
Pflanzung Ab Mitte Mai, 25–30 cm Abstand, eine Pflanze pro Topf genügt
Pflege Pflegeleicht; auf gleichmäßige Bodenfeuchte achten, Staunässe und Ballentrockenheit aber meiden; während der Blüte häufiger düngen; frühes Entspitzen der Haupttriebe fördert buschigen Wuchs (bessere Blütenbildung!)
Gestaltung Wunderbare Solitäre, auch in Gruppen attraktiv; passt gut zu Mageriten, Duftsteinrich, Ringelblumen und Sommerastern

Aufrechte Pelargonie

Pelargonium-Zonale-Hybriden

Blüten Mai bis Oktober; weiß, rosa, violett, rot; auch zweifarbig; gefüllt und ungefüllt
Wuchs Aufrecht bis leicht überhängend, buschig; 30–40 cm hoch
Standort Sonnig; durchlässige, lehmig-sandige, humose Erden; mittlerer bis hoher Nährstoffgehalt
Pflanzung Ab Ende April, 25–30 cm Abstand
Pflege Pflegeleicht; auf gleichmäßige Bodenfeuchte achten, Staunässe vermeiden; während der Blüte häufiger düngen. Verblühtes fortwährend ausputzen; Überwinterung: heller Standort um 3 °C, trocken halten
Gestaltung Blütenreicher Balkonklassiker mit großer Sortenvielfalt für fast jede Gestaltungssituation; interessant sind Sorten mit mehrfarbigen Blättern; reine Pelargonien-Gefäße wirken am stärksten

Hänge-Pelargonie

Pelargonium-Peltatum-Hybriden

Blüten Mai bis Oktober; weiß, rosa, violett, rot; auch zweifarbig; gefüllt und ungefüllt
Wuchs Buschig überhängend; 30–70 cm hoch
Standort Sonnig bis lichtschattig; durchlässige, lehmig-sandige, humose Erden; mittlerer bis hoher Nährstoffgehalt
Pflanzung Ab Ende April, 25–35 cm Abstand
Pflege Pflegeleicht; regelmäßig gießen, aber Staunässe vermeiden; während der Blüte häufiger düngen; Verblühtes fortwährend ausputzen; Überwinterung: heller Standort um 3 °C, trocken halten, vor dem Einwintern (oder im Frühjahr) um ein Drittel einkürzen
Gestaltung Ideal für dekorative Ampeln und Kästen; reizvoll sind Gefäße mit farblich verschiedenen Sorten

Hänge-Petunie

Petunia x atkinsiana

Blüten Mai bis September; weiß, gelb, rosa, violett, rot; teils mehrfarbig; gefüllt und ungefüllt, groß und sehr präsent
Wuchs Niederliegend bis stark hängend; 15–100 cm hoch, 40–60 cm breit
Standort Sonnig bis lichtschattig; durchlässige, gut humose, leicht saure Erden; mittlerer bis hoher Nährstoffgehalt (sortenabhängig); gut wettergeschützt
Pflanzung Ab Mitte Mai; 1 Pflanze pro Topf
Pflege Pflegeleicht; regelmäßig gießen, aber Staunässe vermeiden; während der Blüte häufiger düngen; Verblühtes stetig ausputzen; buschigen Wuchs fördern Sie durch frühes Entspitzen starker Triebe
Gestaltung Für blütenstarke Blumenampeln und Kästen, als Unterpflanzung sehr wirkungsvoll

Aufrechte Petunie

Petunia-Hybriden

Blüten Juni bis Oktober; weiß, gelb, rosa, violett, rot; teils mehrfarbig; gefüllt und ungefüllt, sehr große Sortenvielfalt
Wuchs Aufrecht buschig bis polsterartig und leicht hängend; 15–50 cm hoch, 30–40 cm breit
Standort Sonnig bis lichtschattig; durchlässige, humose, leicht saure Erden; mittlerer bis hoher Nährstoffgehalt (sortenabhängig); gut wettergeschützt
Pflanzung Ab Mitte Mai, 20–30 cm Abstand
Pflege Pflegeleicht; stetig gießen (Staunässe vermeiden); während der Blüte alle 30 Tage düngen; Verblühtes stetig ausputzen; kompakten, buschigen Wuchs fördern Sie durch frühes Entspitzen starker Triebe
Gestaltung Sehr wirkungsvoll als Sorten-Mix; großblütige Sorten eher solitär, kleinblütige gern auch als Begleiter

Portulakröschen

Portulaca grandiflora

Blüten Juni bis Oktober; weiß, gelb, rosa, violett, orange und rot; schalenförmig, ungefüllt; bis 4 cm Ø; sehr zahlreich
Wuchs Niederliegend bis kriechend, 10–15 cm hoch; breit verzweigte Kriechtriebe mit attraktiven, schmal-lanzettlichen Blättern
Standort Sonnig; durchlässige, sandig-kiesige, trockene Erden
Pflanzung Ab Mitte Mai, 10–15 cm Abstand, etwa 2 bis 3 Pflanzen pro Topf
Pflege Pflegeleicht; wenig gießen und düngen; Staunässe und Ballentrockenheit unbedingt vermeiden!
Gestaltung Sehr dankbarer Dauerblüher für heiße und trockene Standorte; da flach wachsend, ideal zur Unterpflanzung geeignet; schön für Steingarten-Flair

Husarenknöpfchen

Sanvitalia procumbens

Blüten Juni bis September; gelb bis orange mit braun-grüner Mitte; klein, aber sehr zahlreich
Wuchs Niederliegend bis buschig, gut verzweigt; 10–20 cm hoch
Standort Sonnig bis lichtschattig; gut wetterfest; durchlässige, leicht saure, humose Erden
Pflanzung Ab Mitte April, 15–20 cm Abstand, etwa 3 Stück/Ampel, an die Ränder pflanzen
Pflege Pflegeleicht; regelmäßig gießen; Staunässe und Ballentrockenheit meiden; Verblühtes stetig ausschneiden, um die Blütezeit zu verlängern
Gestaltung Am wirkungsvollsten in Ampeln und als Unterpflanzung; passt gut zu Elfensporn, Vanilleblumen und Edellieschen; schön für Bauerngarten-Flair

Blaue Fächerblume

Scaevola aemula

Blüten Mai bis Oktober; blau bis rosa/violett, teils weiß überzeichnet; bis 3 cm Ø, zahlreich
Wuchs Aufrecht-buschig bis leicht hängend; 30–50 cm hoch
Standort Sonnig bis halbschattig; gut wetterfest; durchlässige, leicht saure, humose Erden
Pflanzung Nicht vor Mitte Mai ins Freie, 20 cm Abstand, etwa 2 Stück für eine Hängeampel
Pflege Pflegeleicht, aber regelmäßig gießen; Staunässe und Ballentrockenheit meiden; Entspitzen der Haupttriebe fördert buschigen Wuchs und bessere Blütenbildung!; öfter stickstoff- und kaliumbetont düngen
Gestaltung Als Solitär in Ampeln oder in gemischten Kästen; in Kombination mit weiß bis rosa blühenden Arten

Schneeflockenblume

Sutera-Arten

Blüten Mai bis Oktober; weiß, violett, rosa, blau; sehr zahlreich
Wuchs Niederliegend bis hängend mit hübschen Polstern; 10–35 cm hoch; sehr attraktiv sind Epic-Sorten, 'Sumatra Indigo', 'Sutera Big White', 'Snowtopia' und 'Everest Blue'
Standort Halbschattig, nicht zu warm; durchlässige, lockere, leicht saure, humose Erden; mittlerer Nährstoffgehalt
Pflanzung Nicht vor Mitte Mai ins Freie
Pflege Pflegeleicht, aber regelmäßig gießen; Staunässe und Ballentrockenheit unbedingt vermeiden!
Gestaltung Dankbarer Begleiter, der sich hervorragend für Unterpflanzungen und reichblütige Ampeln eignet; passt (in Weiß) zu fast allen Balkonpflanzen, z. B. zu Petunien in Rosa

Studentenblume

Tagetes-Arten

Blüten April bis Oktober; ungefüllt und gefüllt; gelb, orange, rot, braun, auch zweifarbig
Wuchs Aufrecht, buschig, kompakt, 20–70 cm hoch; *Tagetes patula* 'Safari Bolero' und *T. patula* 'Sparky' werden nur bis etwa 20 cm hoch
Standort Sonnig bis halbschattig; durchlässige, lockere, humose Erden
Pflanzung Ab Mitte Mai mit 20–30 cm Abstand; Vorziehen auf der Fensterbank ab März
Pflege Pflegeleicht, anspruchslos; regelmäßig gießen, aber Staunässe meiden; Entspitzen der Haupttriebe fördert buschigen Wuchs und bessere Blütenbildung!; Verblühtes stetig ausschneiden
Gestaltung Dankbar als Begleiter, farbenfroher Hingucker als Solitärpflanzung; mit einer Bonita-Mischung sind bunte Balkonkästen ganz einfach zu realisieren

Verbene

Verbena-Hybriden

Blüten Mai bis Oktober; doldenähnlich; weiß, rot, violett, rosa
Wuchs Niederliegend bis kriechend, teils überhängend; 20–70 cm hoch; niedrig bleibende Sorten der Serien 'Tapien®'. Sorten der buschig-aufrechten Serien 'Temari®' und 'Lanai®' eignen sich gut für kompakte Solitärpflanzungen
Standort Sonnig, auch vollsonnig; durchlässige, lockere, humose Erden
Pflanzung Ab Mitte April, 30–40 cm Abstand
Pflege Pflegeleicht, regelmäßig gießen, aber Staunässe und Ballentrockenheit meiden und auf gute Nährstoffversorgung achten; Verblühtes stetig ausschneiden
Gestaltung Dankbarer Begleiter, ideal für dekorative Ampeln; schön als Unterpflanzung; gute Partner sind Kapkörbchen und Lobelien

BLATT- UND *Fruchtschmuck*

HINGUCKER UND RUHEPOL IN EINEM. Für die Gestaltung von ganzjährig attraktiven Pflanzenarrangements gehören Blatt- und Fruchtschmuckpflanzen dazu. Sie sorgen für Ruhe und Ausgeglichenheit, vermitteln zwischen Wuchsformen und Blütenfarben, verbinden die einzelnen Pflanzen zu einem einheitlichen Bild. Überdies besitzen sie eigene Reize, die vor allem im Herbst und Winter hervortreten: zierender, teils leckerer Fruchtschmuck, Blattwerk in vielen Farbnuancen mit markanten Texturen und, nicht zu vergessen, die luftigen, eleganten Wedel von Ziergräsern.

Im Fokus: Blätter und Früchte

Wer Blattschmuckpflanzen meint, denkt spontan an Funkien *(Hosta)*. Opulenter Wuchs, in großer Vielfalt, rundum robust und stets ein stattlicher Blickfang.
Aber es gibt weit mehr schöne Blattschmuckpflanzen. Vor allem gibt es Gattungen, deren Vielfalt an Blattformen und Farbtönen (von tiefgrün über hellgrün-gelb bis schwarz-rot) kaum zu fassen ist und die allein daher einen Versuch im Balkonkasten wert sind.

Blattschmuckpflanzen können Sie sowohl als blattstarke Vermittler in bunt-gemischten Kästen untermischen, als auch für solitäre Pflanzungen in eigenen Töpfen verwenden.
Großer Vorteil der meisten Blattschmuckpflanzen: bei konstanter Nährstoff- und Wasserversorgung sind sie unkompliziert und robust.
Fruchtschmuckpflanzen haben ihren großen Auftritt, wenn sommergrüne Gehölze bereits ihr Laub verloren haben und die letzten Blüten des Jahres abgeblüht sind. Highlights jedes winterlichen Balkonkastens!

Beerenstark Torfmyrte, Liebesperlenstrauch, Scheinbeere und Skimmie.

Herbst-bunt Mit Herbst-Chrysanthemen, Purpurglöckchen, Segge und Zierapfel.

Halt & Struktur Stechpalme, Scheinzypresse, Skimmie und Schneeheide.

Natürlich reizvoll – Ziergräser

Echte Alleskönner sind Ziergräser, vorzugsweise winterharte Arten. Ihnen kommt aufgrund ihrer optischen Vielfalt und vorzüglichen Anpassungsfähigkeit an die unterschiedlichsten Standorte, eine besondere Rolle zu.
Locker-luftige Gestaltungen mit natürlichem Charakter sind mit den überwiegend pflegeleichten Ziergräsern gut umsetzbar. Die Möglichkeiten sind groß. Ob als strukturstarker Begleiter in Mix-Kästen oder in kompakten Tuffs: Ziergräser wirken immer.
Bis auf wenige Ausnahmen mögen Ziergräser sonnige bis halbschattige Standorte und gut durchlässige, sandig-kiesige Erden mit geringem Nährstoffgehalt.
Behalten Sie jedoch die Wasserversorgung im Auge (die Erde darf nicht austrocknen) und gießen Sie je nach Art nur zurückhaltend, denn Staunässe ist äußerst ungünstig. Der Rückschnitt erfolgt im Frühjahr bis ca. 10 cm über der Erde.

Blattschmuck pur

Stauden/Kräuter: Funkie *(Hosta)*, Buntnessel *(Solenostemon scutellarioides)*, Purpurglöckchen *(Heuchera)*, Goldmelisse (*Melissa officinalis* 'Aurea'), Bergenie *(Bergenia)*, Lakritz-Strohblume *(Helichrysum petiolare)*, Silberblatt *(Senecio cineraria)*
Gehölze: Echter Lorbeer *(Laurus nobilis)*, Spindelstrauch *(Euonymus)*, Buchsbaum *(Buxus sempervirens)*, Kaukasischer Efeu (*Hedera colchica* 'Dentata Variegata')
Farne: Braunstieliger Streifenfarn *(Asplenium trichomanes)*, Hirschzungenfarn *(Phyllitis scolopendrium)*

Markante Fruchtschmuckpflanzen

Attraktiver (Beeren-)Fruchtschmuck: Fächer-Zwergmispel *(Cotoneaster horizontalis)*, Japanische Hülse *(Ilex crenata)*, Schönfrucht *(Callicarpa bodineri)*, Sanddorn *(Hippophae rhamnoides)*, Erdbeere (*Fragaria* x *ananassa*), Andenbeere *(Physalis peruviana)*, Rote Johannisbeere *(Ribes rubrum)*, Stachelbeere *(Ribes uva-crispa)*, Felsenbirne *(Amelanchier)*

ZIERGRÄSER MIT CHARME
Japan-Segge *(Carex morrowii)*, Fuchsrote Segge *(Carex buchananii)*, Ruten-Hirse *(Panicum virgatum)*, Blaues Schillergras *(Koeleria glauca)*

CHARMANTES FÜR
Herbst & Winter

Kissen-Aster

Aster dumosus

Blüten August/September bis Oktober; tellerförmig, zahlreich; rosa, rot, violett, blau oder weiß, mit gelber Mitte
Wuchs 15–35 cm hoch; aufrecht, kompakt, kissen- bis polsterartig
Standort Sonnig
Pflanzung Im August/September, 20–30 cm Abstand
Pflege Gleichmäßig leicht feucht halten
Gestaltung Attraktiver Partner für Herbst-Chrysanthemen, Fetthenne, Besenheide und andere Herbstblüher

Besenheide

Calluna vulgaris

Blüten August bis Dezember, je nach Sorte; kleine Glöckchen, rosa, rot, violett, weiß
Wuchs 20–40 cm hoch; buschig
Standort Sonnig bis halbschattig
Pflanzung Im August/September, 10–30 cm Abstand; am besten in Rhododendronerde mit Sand vermischt
Pflege Leicht feucht halten, mit kalkarmem Wasser. Bei mehrjähriger Haltung im Frühjahr um gut ein Drittel zurückschneiden und düngen.
Gestaltung Sehr attraktiv in gemischten Farben

Herbst und Winter sind im Gartenjahr besonders spannend. Warmtoniges Sonnenlicht, luftige Winde und kalt-klare Luft sorgen mit den passenden Pflanzen für starke Kontraste und inspirierende Situationen.

Herbst-Chrysantheme

Chrysanthemum x grandiflorum

Blüten September bis November; dicht gefüllt bis pomponartig oder einfach und margeritenähnlich; alle Farben außer Blau
Wuchs 20 cm–1,30 m hoch; aufrecht, buschig
Standort Sonnig
Pflanzung Ab August, 20–30 cm Abstand
Pflege Gleichmäßig feucht, aber nicht nass halten; nach dem Öffnen der Blüten einmal düngen; Verblühtes entfernen
Gestaltung Hochwüchsige Sorten können große Töpfe und Kübel zieren, niedrige bezaubern in Kästen und Schalen

Herbst-Alpenveilchen

Cyclamen hederifolium

Blüten September bis Oktober; mit hoch gereckten Kronblättern in Rosa, Violett oder Weiß
Wuchs 10–15 cm hoch; polsterartig; wintergrüne, attraktiv gezeichnete Blätter
Standort Halbschattig; windgeschützt
Pflanzung Ab August, 20–25 cm Abstand; oder die Knollen im März 10 cm tief stecken
Pflegen Nur zurückhaltend gießen. Zum Überwintern bei Frost mit Vlies oder Fichtenreisig gut abdecken.
Gestaltung Mit Christrosen, die dann ab November den Blütenpart übernehmen

Dahlie

Dahlia-Hybriden

Blüten Juli bis Oktober; ungefüllte und gefüllte Blütenteller/-bälle, bis 10 cm Ø; alle Farben von weiß über rot bis gelb, auch mehrfarbig
Wuchs Aufrecht, buschig, rasch wachsend, 40 cm–1,30 m hoch
Standort Sonnig; wärmeliebend; durchlässige, sandig-lehmige, nährstoffreiche Erde
Pflanzung Ab Ende April; 40–50 cm Abstand
Pflege Regelmäßig gießen, Staunässe meiden; Verblühtes stetig entfernen; kaliumbetont düngen; vor dem ersten Frost ca. 10 cm über dem Spross kappen, Wurzelstöcke ausgraben und frostfrei in Sand überwintern
Gestaltung Mix-Töpfe, einfarbige Tuffs, als farbstarker Solitär zwischen Ziergräsern, z. B. Rutenhirse *(Panicum)*

Schnee-Heide

Erica herbacea (E. carnea)

Blüten November bis März; unzählige zierliche, glockenförmige Einzelblüten; weiß, rosa, rot, violett, auch gemischt
Wuchs Teppichartig, kriechend mit aufstrebenden Trieben; bis 30 cm hoch
Standort Sonnig bis halbschattig; Wetterextreme werden nicht gut vertragen; wärmeliebend; durchlässige, sandige, nährstoffarme Erde
Pflanzung Ab Mitte April; 30–35 cm Abstand
Pflege Immer gut feucht halten, aber Staunässe meiden, nicht düngen; kräftiger Rückschnitt nach der Blüte fördert buschigen Wuchs; pflegeleicht
Gestaltung Größere, gemischte Gruppen, Kombinationen mit Alpenveilchen sowie winterharten Gräsern, z. B. Japan-Segge *(Carex morrowii)*

Christrose

Helleborus niger

Blüten November bis März, einfach, weit geöffnet, schalenförmig, 5 cm Ø, strahlend weiß
Wuchs Buschig-kompakt, horstbildend, 25–30 cm hoch
Standort Halbschattig, keine direkte Sonne; kalkhaltige, durchlässige, sandig-humose Erde
Pflanzung Im frostfreien Frühjahr, Zwiebeln ab Mitte Oktober, 30–35 cm Abstand
Pflege Nicht austrocknen lassen, aber Staunässe meiden; nicht düngen; Rückschnitt nach der Blüte, an idealen Standorten sehr pflegleicht
Gestaltung Passen gut zu Schneeglöckchen, Märzenbecher, Elfenblume, Primeln und Lungenkraut. Kombinationen mit winterharten Gräsern, z. B. Blau-Schwingel.
Achtung Alle Pflanzenteile sind giftig!

Hohe Fetthenne

Sedum telephium

Blüten August bis Oktober, einfach, sternförmig, in dichten Dolden; creme-rosa bis purpur-rosa, braun-rot
Wuchs Buschig-locker, horstbildend, straff aufrecht, 40–70 cm hoch
Standort Sonnig; neutrale, gut durchlässige bis trockene und nährstoffreiche Erde
Pflanzung Ganzjährig möglich, frostfreies Frühjahr bevorzugen; 50–60 cm Abstand
Pflege Wenig Gießen und Staunässe meiden; nicht düngen; kräftiger Rückschnitt im Frühjahr, allgemein sehr widerstandsfähig
Gestaltung Wirkt besonders attraktiv in kompakten Tuffs und passt ideal zu Ziergräsern, z. B. Federgras *(Stipa)* und Pfeifengras *(Molinia)*; auch schön als solitäre Kübelpflanzung

Nützliche Adressen

Balkonpflanzen

Gärtner Pötschke
Beuthener Str. 4
41564 Kaarst
Tel.: (0180 5) 86 11 00
E-Mail: info@poetschke.com
www.gaertner-poetschke.de

Ahrens & Sieberz
53718 Siegburg-Seligenthal
Tel.: (0180) 5 14 05 15
E-Mail: info@as-garten.de
www.ahrens-sieberz.de

Kientzler GmbH & Co.KG
Binger Str. 31
55454 Gensingen
Tel.: (0 67 27) 93 01-0
E-Mail: info@kientzler.com
www.kientzler.de

Jungpflanzen Liebig
Kirchspiel 106
59077 Hamm/Pelkum
Tel.: (0 23 81) 3 04 91 70
E-Mail: info@liebig-vertrieb.de
www.jungpflanzen-liebig.de

Baldur-Garten GmbH
Elbinger Str. 12
64625 Bensheim
Tel.: (0 18 05) 10 35 55
E-Mail: info@baldur-garten.de
www.baldur-garten.de

Stegmeier Gartenbau
Unteres Dorf 7
73457 Essingen
Tel.: (0 73 65) 2 30
E-Mail: info@pelargonien-stegmeier.de
www.gaertnerei-stegmeier.de

Kübelpflanzen

Gärtnerei Baum
Strohgäustr. 51
71229 Leonberg
Tel.: (0 71 52) 2 45 57
E-Mail: info@baum-leonberg.de
www.baum-leonberg.de

Flora Mediterranea
Königsgütler 5
84072 Au/Hallertau
Tel.: (0 87 52) 12 38
E-Mail: info@floramediterranea.de
www.floramediterranea.de

Flora Toskana
Schillerstr. 25
89278 Nersingen / OT Strass
Tel.: (0 73 08) 9 28 33 87
E-Mail: info@flora-toskana.de
www.flora-toskana.com

**Versandgärtnerei
Gottfried Koitzsch**
Arheilger Str. 16
64390 Erzhausen
Tel.: (0 61 50) 61 47

Kübelpflanzenversand
A. Kirchner-Abel
Schützenstr. 22 - 24
47229 Duisburg
Tel.: (0 20 65) 4 92 71
E-Mail: info@kirchner-abel.de
www.kirchner-abel.de

Saatgut

Vertriebsgesellschaft Quedlinburger Saatgut mbH
Dieselstr. 1
06449 Aschersleben
Tel.: (0 34 73) 84 06 66
E-Mail: info@quedlinburger-saatgut.de
www.quedlinburger-saatgut.de

Carl Sperling & Co. GmbH
Neuer Weg 21
06484 Quedlinburg
Tel.: (3 37 01) 33 89-8 90
E-Mail: info@sperli.de
www.sperli.de

Keimzeit Saatgut-Fachversand
Hainholzweg 3
21358 Mechtersen
Tel.: (0 41 78) 8 18 99 50
E-Mail: kontakt@keimzeit-saatgut.de
www-keimzeit-saatgut.de

Kiepenkerlsamen über Gustav Schlüter GmbH
Bahnhofstr. 5
25335 Bokholt-Hanredder
Tel.: (0 41 23) 20 21
E-Mail: versand@garten-schlueter.de
www.pflanzenversand-schlueter.de

Jelitto Staudensamen GmbH
Am Toggraben 3
29690 Schwarmstedt
Tel.: (0 50 71) 98 29-0
E-Mail: info@jelitto.com
www.jelitto.com

Erden, Dünger, Substrate

Floragard Vertriebs GmbH
Gerhard-Stalling-Str. 7
26135 Oldenburg
Tel.: (04 41) 20 92-0
E-Mail: info@floragard.de
www. floragard.de

COMPO
Gildenstr. 38
48157 Münster
Tel.: (0 92 51) 3 27 70
E-Mail: info@compo.de
www. compo-hobby.de

Seramis
Am Bollscheid 50
56424 Mogendorf
Tel.: (0 42 31) 9 40
E-Mail: kontakt@de.mars.com
www.seramis.de

Süderde GmbH
Sophia Ettengruber
Lochhausener Str. 67
81249 München
Tel.: (0 81 31) 2 92 79 31
sued@suederde.de
www.suederde.de

Register

Hervorgehobene Seitenzahlen verweisen auf Abbildungen.

Ahorn, Japanischer Fächer- 57
Alang-Alang-Gras 57
Ampeln, Blumen 8
Ampeln, Wand 9, **9**
Andenbeere 71
Apfel 57
Apfel, Vielblütiger 57
Aster dumosus 24, 72, **72**
Aster, Kissen- 24, 72, **72**
Ausputzen 45
Aussaat 34 f.
Austrocknung 46

Balkon, Nord 31
Balkon, Nutzlast 31
Balkon, Tragfähigkeit 30
Balkon, West 31
Balkonblumen aussäen 34
Balkongröße 30
Balkonkästen anbringen 39
Balkonkästen bepflanzen 38
Ballendurchwurzelung 33
Begleiter, Balkonpflanzen 12
Begonie, Knollen- 12, 20, **20,** 58, **58**
Bellis perennis 17, **17,** 52, **52**
Besenheide 24 f., 72, **72**
Bewässerung, automatische 43, 45
Blattdünger 43
Blattformen 13, **13**
Blattgrün 10
Blattläuse 47, **47**
Blattschmuckpflanzen 20 f., **20, 21,** 25, 70 f.
Blau-Schwingel **24,** 25
Blaustern 17
Blumenampeln 40 f., **41,** 43
Blumenregal 15, **15**
Blumenrohr 57, **57**
Blumenspaß für Kinder 22 f., **22, 23**
Blumenzwiebeln 16, 39
Buchsbaum 21, 57, 71
Buntnessel 21, **21,** 71

Calendula officinalis 13, **18,** 19 f., 59, **59**
Calluna vulgaris 24 f., 72, **72**
Chinaschilf 57
Christrose 25, 75, **75**
Chrysantheme, Herbst- 24, **24, 71,** 73, **73**
Cotoneaster 21, 71

Dachgarten 14
Dahlie 24, 44, 74, **74**
Duftsteinrich 19, 63, **63**
Duft-Wicke 15
Düngekügelchen **43**
Düngen 42 f.

Efeu, Kaukasischer 71
Eisenmangel **33**
Elfenspiegel 13, 19, 64, **64**
Erdbeere 56, 71
Erden 36
Erika 25, 56, **72,** 74, **74**

Fächerblume 19
Fächerblume, Blaue 68, **68**
Farbkombinationen 11
Farbwirkungen 11
Fäulnis 47
Feigenbäumchen 57, **57**
Fetthenne, Hohe 24, 75, **75**
Flechtkasten **11**
Fleißiges Lieschen 12, 20, 62, **62**
Formen, Wuchs 12 f., **12, 13**
Frühling 16 f., **16, 17**
Fuchsie 20, **20, 47,** 61, **61**
Funkie 71

Gänseblümchen 19
Gefäße 14, 36
Gefäße, Reinigung 38, **38**
Gewächshaus, Mini- **34,** 35
Gießen 42
Glaskugel **42,** 43
Goldlack 17, 53, **53**
Grauschimmel **46,** 47
Größe, Balkon 30

Halbschatten 20, 31
Hänge-Petunie 66, **66**
Hängepflanzen 13, 40
Hängetöpfe 8
Herbst-Alpenveilchen 24, 73, **73**
Heuchera-Arten 21, **24,** 25, 56, 71, **71**
Hortensie 21, 45
Hosta 70 f.
Husarenknöpfchen 12, 67, **67**
Hyazinthe **16,** 17

Ilex crenata 71

Johannisbeere, Rote 71
Johanniskraut 21

Kapaster 19, 60, **60**
Kapkörbchen 12, 19, **19,** 64, **64**
Kapuzinerkresse 15
Kissen-Berberitze 21
Kissen-Primel 54, **54**
Kletterpflanzen 9, 15
Knollen-Begonie 12, 20, **20,** 58, **58**
Komposterde 37
Krankheiten 31, 38, 45 ff., **46**
Krokus 17, 52, **52**
Kübelpflanzen 14, 57

Lavendel **57**
Leitpflanzen 12 f., **12**
Licht 31, 34
Liebesperlenstrauch **70**
Lilie **13,** 57
Lorbeer, Echter 57, 71
Löwenmäulchen 19, 58, **58**

Malus 57
Mangel, Nährstoffe 33, 43
Männertreu 12, 19, 62, **62**
Mehltau **46,** 47
Mini-Gewächshaus **34,** 35

Nährstoffmangel 33
Narzissen 17, **17,** 54, **54**

Olivenbaum 57

Pelargonie **10,** 12, 19, 20
Pelargonie, aufrechte 65, **65**
Pelargonie, hängende **57,** 65, **65**
Petunie 13, 19, 20, 66, **66**
Pflanzabstand 10
Pflanzen stützen 45
Pflanzeneinkauf 32
Pflanzenqualität 32
Pflanzenregal 14 f., **15**
Pflanzkörbe **14**
Pflegeaufwand 46
Portulakröschen 19, 67, **67**
Primel, Kissen- 54, **54**
Purpurglöckchen 21, **24,** 25, 56, 71, **71**

Ranunkel 17
Raritäten 33
Regal, Wand- **14**
Regentonne 43
Rehlingtopf **36**
Ringelblume 13, **18,** 19, 20, 59, **59**
Rosen-Hochstamm 57

Saatgut 34
Saisonpflanzen 33
Salbei 25, 57
Schädlinge 31, 46 f., **47**
Schatten 20
Schattengehölze 21
Schattenverträgliche Stauden 21
Scheinbeere 21, 25, **70**
Schillergras, Blaues 71
Schmucklilie **56**
Schneeflockenblume 68, **68**
Schneeheide 25, 56, **72,** 74, **74**
Schnittwerkzeuge 45
Schwarzäugige Susanne 15
Segge **24,** 25, 71, **71**
Sichtschutz 8
Silberblatt 25, 71
Silberrandchrysantheme 24
Sonne, pralle 19
Spindelstrauch 71
Spinnmilben 47
Standortbedingungen 32
Stauden, schattenverträglich 21
Staunässe 35, 46, 71
Stechpalme **71**
Stiefmütterchen 16 f., **17,** 24, **24,** 55, **55**
Strukturpflanzen 25
Studentenblume 13, 19, 69, **69**
Substrate 37

Tagetes 13, 19, 69, **69**
Tausendschön 17, **17,** 52, **52**
Torf 37
Torfmyrte 21, **24,** 25, **70**
Tulpen 17, 55, **55**

Überwinterung 32, 45

Vanilleblume 13, 19, 61, **61**
Verbene 13, 19, 69, **69**
Verblühtes 44, **44,** 46
Vergissmeinnicht 17, 53, **53**
Vliese **40**

Wandampeln 9, **9**
Wandanstrich **30,** 31
Wandregal **14**
Wasserspeicher 37, **37,** 43
Weiße Fliege 47, **47**
Windfestigkeit 31
Winterschutz **45,** 72
Wuchsformen 12 f., **12, 13,** 25
Wurzelballen 33, **33**

Zauberglöckchen **19,** 60, **60**
Zierapfel **71**
Zinnie **10, 18,** 19
Zitronenbäumchen **56,** 57
Zusatzstoffe **36**
Zweizahn 13, 19, 59, **59**
Zwerggehölze 21, **24,** 25

Die Autoren

Joachim Mayer ist Diplom-Agraringenieur (Fachrichtung Gartenbau) und arbeitet seit vielen Jahren als Gartenbuchautor, Gartenjournalist und Lektor. Er berät darüber hinaus Hobbygärtner bei allen Fragen zur Gartenanlage und -Praxis. Das Gärtnern auf kleinem Raum liegt ihm besonders am Herzen.

Der Landschaftsarchitekt Lars Weigelt arbeitete unter anderem als Freiraumplaner in Karlsruhe, absolvierte ein Volontariat beim Stuttgarter KOSMOS-Verlag und hatte eine leitende Tätigkeit in der Wohnungswirtschaft inne. Seit Anfang 2011 verbindet er unter dem Namen „die grüne Note" seine grünen Kompetenzen in Text, Plan und Bild. Als Redakteur verfasst und steuert er Beiträge für gartenrelevante Medien, als Planer entwirft und verwirklicht er Gärten und Freiräume. Den Blick fürs große Ganze und die Verbindung von ökologischer Vernunft mit zeitgemäßem Design sind seine Kernthemen, Gärtnern seine Passion. Mit Esprit und Hingabe vermittelt er Garten-Fachwissen über Magazinbeiträge und Gartenbücher.

IMPRESSUM

Bildnachweis
Mit 133 Farbfotos von:
Floradania, DK-Odense: S. 19 re, 29 li, 36 li, 50 li, 52 beide, 54 beide, 55 beide, 58 beide, 60 beide, 61 li, 62 li, 63 li, 64 beide, 65 beide, 66 re, 74 li, 75 li; Flora Press, Hamburg: S. 3 li, 3 re, 7 o, 8, 10 li, 11 li, 14 li, 14 re, 18 li, 25, 26/27, 28 li, 48/49, 51 ure; Flora Press/Sylvia Schwarz: S. 15; Flora Press/Visions: S. 16 li, 16 re, 51 li; Flora Press/Ute Köhler: S. 30 li; Flora Press/Bodo Butz: S. 43; Flora Press/Nova Photo Graphik: S. 63 re; Flora Press/Helga Noack: S. 40 li; GAP Gardens/Maxine Adcock: S. 22, 23 alle vier; GAP Gardens/Jerry Pavia: S.30 re; GAP Gardens/BBC Magazines Ltd: S. 33 li; GAP Gardens/Jacqui Dracup: S. 38 li; Gartenschatz GmbH, Stuttgart: S. 39 alle vier, 53 beide, 59 li, 61 re, 62 re, 67 beide, 68 beide, 69 beide, 74 re, 75 re; Helmhold & Hertrich/Markus Hertrich, Hamburg: S. 7 li; Kientzler Gartenbau GmbH & Co. KG/Gensingen: S. 6 re; Shutterstock/Dora Zett: S. 2, 4/5; Shutterstock/Marina Lohrbach: S. 6 li; Shutterstock/Simone Voigt: S. 28 re; Shutterstock/sanddebeautheil: 29 re; Shutterstock/Udo Kroener: S. 31; Shutterstock/CandyBox Images: S. 32 li; Shutterstock/Maljalen: S. 34 li; Shutterstock/Ariene Studio: S. 45 li; Shutterstock/Dima Sobko: S. 51 ore; Shutterstock/V1adimir: S. 59 re; Shutterstock/Ruta Saulyte-Laurinaviciene: S. 72 re; Friedrich Strauß, Au-Hallertau: S. 7 u, 9 li, 9 re, 10 re, 11 re, 12 li, 12 re, 13 li, 13 re, 17, 18 re, 19 li, 20, 21, 24 li, 24 re, 33 re, 35 alle vier, 36 re, 37 beide, 41 alle vier, 42 li, 42 re, 44 li, 45 li, 45 re, 46 li, 46 re, 47 li, 47 re, 50 re, 56 li, 57 li, 57 re, 66 li, 70 li, 71 li, 71 re, 72 li, 73 beide

Impressum

Umschlaggestaltung von Gramisci Editorialdesign, München unter Verwendung von drei Farbfotos von Friedrich Strauß (Umschlagvorderseite und Umschlaginnenseite) sowie Flora Press/Martina Schindler (Umschlagrückseite)

Mit 136 Farbfotos

Alle Angaben in diesem Buch sind sorgfältig geprüft und geben den neuesten Wissensstand bei der Veröffentlichung wieder. Da sich das Wissen aber laufend in rascher Folge weiterentwickelt und vergrößert, muss jeder Anwender prüfen, ob die Angaben nicht durch neuere Erkenntnisse überholt sind. Dazu muss er zum Beispiel Beipackzettel zu Dünge-, Pflanzenschutz- bzw. Pflanzenpflegemitteln lesen und genau befolgen sowie Gebrauchsanweisungen und Gesetze beachten. Die Blütenfarben sind sortenabhängig, daher können auch Farben auf dem Markt sein, die im Buch nicht genannt werden. Die Blütezeiten sind ebenfalls sortenabhängig, aber auch klima- und standortabhängig. Die angegebenen Wuchshöhen und -breiten der Pflanzen sind Mittelwerte. Sie können je nach Nährstoffgehalt des Bodens variieren. Verschiedene Sorten können deutlich größer oder auch kleiner wachsen als die Art.

Es wird empfohlen, für die Online-Zusatzangebote WLAN zu verwenden. Das mobile Surfen ohne WLAN kann dazu führen, dass zusätzliche Kosten für die Datennutzung bei Ihrem Mobilfunkanbieter entstehen.

Gedruckt auf chlorfrei gebleichtem Papier

ISBN 978-3-440-14592-0
Projektleitung: Birgit Grimm
Redaktion: Birgit Grimm
Bildredaktion: Birgit Grimm
Gestaltungskonzept: Gramisci Editorialdesign, München
Gestaltung und Satz: DOPPELPUNKT, Stuttgart
Produktion: Angela List
Printed in Italy / Imprimé en Italie

FSC
www.fsc.org
MIX
Papier aus verantwortungsvollen Quellen
FSC® C023164